T0370062

EL CEREBRO TRASCENDENTE

Alan Lightman

EL CEREBRO TRASCENDENTE

Espiritualidad en la era de la ciencia

Pinolia

Cuando las figuras
muestren su frente altiva,
y se rasgue la bruma:
¡Contemplad la chispa
y el luminoso átomo
que preferí a la arcilla!

EMILY DICKINSON

ÍNDICE

INTRODUCCIÓN

Durante muchos años, una familia de águilas pescadoras vivió cerca de nuestra casa, en una pequeña isla de Maine. Cada temporada, mi mujer y yo observábamos sus rituales y costumbres. A mediados de abril, los padres llegaban al nido tras haber pasado el invierno en Sudamérica y ponían huevos. A finales de mayo o principios de junio, los huevos eclosionaban. A medida que el padre llevaba cada día pescado al nido, las crías iban creciendo y a mediados de agosto ya eran lo bastante grandes como para emprender su primer vuelo. A lo largo de la temporada, mi mujer y yo registramos todas estas idas y venidas. Anotamos el número de pollos de cada año. Observamos cuándo empezaban los polluelos a batir las alas, a principios de agosto, un par de semanas antes de tener fuerzas para emprender el vuelo y abandonar el nido por primera vez. Memorizamos los distintos píos que emitían los padres por peligro, por hambre, por la llegada de comida. Tras varios años catalogando estos datos, creíamos conocer bastante bien a estas águilas pescadoras.

Entonces, una tarde de finales de agosto, las dos águilas pescadoras jóvenes de esa temporada alzaron el vuelo por primera vez mientras yo las observaba desde mi terraza del segundo piso. Durante todo el verano, me habían observado allí y yo las había observado a ellas. La terraza tenía una altura similar a la de un nido, así que a los polluelos les debió parecer que yo estaba en mi nido y ellos en el suyo. Aquella tarde, en su vuelo inaugural, hicieron un amplio bucle de ochocientos metros sobre el océano y luego se dirigieron directamente hacia mí a una velocidad tremenda. Un águila pescadora joven, aunque algo más pequeña que un adulto, sigue siendo un ave grande, con garras fuertes y afiladas. Mi impulso inmediato fue correr para ponerme a cubierto, ya que podrían haberme arrancado la cara. Pero algo me retuvo en el sitio. Cuando estaban a unos cinco o seis metros de mí, los dos pájaros viraron de repente hacia arriba y se alejaron. Aunque, antes de ese deslumbrante y aterrador ascenso vertical, durante medio segundo establecimos contacto visual. No hay palabras para expresar lo que intercambiamos en ese instante. Fue una mirada de conexión, de respeto mutuo, de reconocimiento de que compartíamos la misma tierra. Era una mirada que decía, tan claro como las palabras habladas: «Somos hermanos en este lugar». Cuando las dos jóvenes águilas se fueron, me di cuenta de que estaba tembloroso, llorando. No entiendo qué pasó en ese medio segundo, pero sentí una profunda conexión con la naturaleza y una sensación de formar parte de algo mucho más grande que yo.

Soy científico y siempre he tenido una visión científica del mundo. Esto es, que el universo está hecho de materia y solo de materia, y que esa materia se rige por un pequeño número de leyes fundamentales. Todo fenómeno tiene una causa, que se origina en el universo físico. Soy materialista. No en el sentido de buscar la felicidad en los coches y buena ropa, sino en el sentido literal de la palabra: la creencia de que todo está hecho de átomos y moléculas, y nada más. Sin embargo, tengo experiencias trascendentes. Ese verano estuve en comunión con dos águilas pescadoras en Maine. Tengo la sensación de formar parte de cosas más grandes que yo. Tengo una sensación de conexión con otras personas y con el mundo de los seres vivos, incluso con las estrellas. Tengo sentido de la belleza. Tengo experiencias de asombro. Y he tenido momentos creativos transportadores. Por supuesto, todos hemos tenido sentimientos y momentos similares. Aunque estas experiencias no son exactamente iguales, tienen suficiente similitud como para que las reúna bajo el epígrafe de *espiritualidad*.

Me definiré como «materialista espiritual». En 1973, el difunto maestro budista tibetano Chögyam Trungpa acuñó esa expresión para referirse a alguien que tiene la (falsa) creencia de que ciertos estados mentales temporales alivian el sufrimiento. Por «estados temporales de la mente» probablemente se refería a los placeres de los coches, la buena ropa y, tal vez, el romance. Mi interpretación es diferente. Creo que las experiencias espirituales que tenemos pueden surgir de átomos y moléculas. Al mismo tiempo, algunas de estas experiencias, y sin duda su naturaleza muy personal y subjetiva, no pueden entenderse plenamente en términos de átomos y moléculas.

Creo en las leyes de la química, la biología y la física —de hecho, como científico, admiro mucho esas leyes—, pero no pienso que capten, o puedan captar, la experiencia en primera persona de establecer contacto visual con animales salvajes y momentos trascendentales similares. Algunas experiencias humanas son simplemente irreductibles a ceros y unos. Asumiré que las sensaciones que he descrito ocurren en el cerebro, posiblemente aumentadas por el sistema nervioso completo. Desde el punto de vista de la biología moderna, todas las sensaciones mentales tienen su origen en las neuronas materiales del sistema nervioso y en las interacciones eléctricas y químicas entre ellas. Teniendo en cuenta este supuesto, una forma más concreta y quizá contundente de formular nuestra principal pregunta es: ¿cómo pueden las neuronas materiales del sistema nervioso humano dar lugar a sentimientos de espiritualidad?

En los últimos años, los científicos han llegado a reconocer acontecimientos y procesos que denominamos *fenómenos emergentes*, es decir, comportamientos de sistemas complejos que no son evidentes en sus partes individuales. Un buen ejemplo es el modo en que ciertos grupos de luciérnagas sincronizan sus destellos. Cuando un grupo de estas luciérnagas se reúne por primera vez en un campo en una noche de verano, cada insecto del grupo parpadea en diferentes momentos aleatorios y a diferentes ritmos, como las luces de un árbol de Navidad. Pero al cabo de un minuto más o menos, incluso sin una luciérnaga jefa que dé órdenes, todas ellas han ajustado la cara interna de su cuerpo, de modo que parpadean encendiéndose y apagándose en total sincronía. Este comportamiento colectivo no puede entenderse mediante el análisis de una sola luciérnaga. Del mismo modo, nuestro cerebro, compuesto por 100 000 millones de neuronas/luciérnagas, exhibe todo tipo de comportamientos espectaculares que no pueden explicarse ni predecirse en términos de neuronas individuales. El concepto de fenómeno emergente ofrece una posible comprensión de cómo un mundo puramente materialista puede ser compatible con las experiencias humanas complejas.

Aún más fundamental que la espiritualidad es la experiencia fundamental que llamamos conciencia: la sensación de ser, de autoconciencia, de «yo», de existir como una entidad distinta capaz de sentir y pensar. ¿Cómo pueden las neuronas materiales del sistema nervioso dar lugar a la sensación que llamamos conciencia?

Aunque la cuestión más profunda de la conciencia debe considerarse en cualquier debate sobre la mente, por distintas razones me interesa más la cuestión de la espiritualidad. La conciencia, aunque todos la experimentamos, es extremadamente sutil, difícil de definir y sigue siendo escurridiza tanto para neurobiólogos, como filósofos y psicólogos. Quizá con la conciencia nos estemos haciendo la pregunta equivocada. El distinguido neurocientífico Robert Desimone, del MIT (Massachusetts Institute of Technology), me dijo que el misterio de la conciencia está «sobrevalorado», y que esta no es más que un nombre vago que damos a la sensación de toda la actividad eléctrica y química de nuestras neuronas. No estoy plenamente satisfecho con la afirmación del profesor Desimone, aunque apoyo completamente la idea de que la conciencia está enraizada en el sistema nervioso material, no creo que el misterio de la conciencia sea exagerado. Las sensaciones de «yoidad» y presencia inmediata en el mundo no se parecen a ninguna otra experiencia y están a la altura de los mayores misterios de la ciencia.

Si tomamos la conciencia como algo dado, los diversos sentimientos de espiritualidad mencionados anteriormente son algo específico y definible. Podemos explorar la naturaleza de esos sentimientos, sus orígenes y su posible beneficio evolutivo. Evidentemente, no podemos dar la conciencia por sentada, ya que todas las experiencias humanas, incluida la espiritualidad, se basan en ella. Así pues, parte de mi investigación consistirá en recorrer de nuevo el trillado camino de intentar comprender la conciencia en términos del cerebro físico y el sistema nervioso. Al hacerlo, no deseo desmerecer en absoluto las magníficas y completamente únicas experiencias de conciencia y espiritualidad que se derivan naturalmente de ella.

Pero quizás lo más importante es que una investigación del materialismo espiritual, más allá de la conciencia en general, nos lleva en otras direcciones. Proporciona un marco para entender la espiritualidad sin referencia a un ser todopoderoso, intencional y sobrenatural (Dios). Tal exploración se relaciona con movimientos intelectuales como el humanismo secular —la idea de que los seres humanos pueden vivir una vida moral y autorrealizarse sin creer en Dios— al tiempo que reconoce la importancia y validez de las experiencias espirituales. También se opone a la idea de que la ciencia y la espiritualidad se excluyan mutuamente.

Sin duda, esta investigación tiene muchos matices y es fácilmente malinterpretada. En un artículo titulado «Does God Exist?»[1] ('¿Existe Dios?') que publiqué hace una década en *Salon,* argumentaba que tenemos experiencias y creencias que están fuera del alcance de la ciencia. En particular, tenemos creencias que no pueden demostrarse y deben aceptarse como una cuestión de fe, como la creencia de que el universo fue creado con un propósito, o la de que el universo es siempre lícito. Al mismo tiempo, me autocalifico como científico. Poco después de la publicación de mi artículo, algunas personas del bando neoateísta me atacaron por ser un apologista de la religión y por excusar el pensamiento «difuso» y «acrítico» de los «creyentes». En respuesta, pregunto: ¿era Abraham Lincoln un pensador difuso? ¿Era Mahatma Gandhi un pensador difuso? Mi objetivo no es demostrar o refutar la existencia de Dios[2] —en mi opinión, una tarea probablemente inútil tanto para la religión como para la ciencia—, sino reconocer las experiencias espirituales más amplias que tenemos como seres humanos fuera de un contexto religioso, e intentar comprenderlas como científico. Mi viaje no estará lleno de certezas ni de declaraciones rotundas e irrefutables.

Si se parte de la existencia de Dios, la explicación de la espiritualidad es bastante sencilla. A saber, los orígenes y quizá incluso el significado de la espiritualidad pueden asignarse a él. Dios nos concede un alma inmortal que nos conecta con el cosmos. Nuestro sentido de la conducta moral, de la bondad y de la belleza puede atribuirse a Dios, tal y como afirman san Agustín y otros. Si asumimos la existencia de Dios, el problema de la espiritualidad encuentra una solución fácil, y mucha gente prefiere esta explicación. Por otra parte, si no suponemos la existencia de ese ser, la explicación de la espiritualidad resulta más complejo y, desde luego, acorde con una visión científica del mundo. Este camino más difícil es el que yo he elegido seguir.

En los dos primeros capítulos, exploraré un poco la historia del tema, empezando por la visión no materialista del mundo y pasando después a la visión materialista. Por supuesto, el principal ejemplo de no materialismo, tal y como lo entienden la mayoría de las religiones, es Dios. Sin embargo, la visión no materialista va mucho más allá de la creencia en Dios. Abarca todo un mundo etéreo que puede incluir el alma inmortal, el Cielo y el Infierno, una mente no material separada del cuerpo físico, fantasmas y otras cosas por el estilo. Quiero entender cómo se originó esta concepción y las motivaciones que hay detrás de ella. En mi opinión, la creencia en un mundo etéreo, que se extiende desde los ajuares funerarios y los rituales de enterramiento de los neandertales hasta los hombres y mujeres de hoy, representa algo profundo de nuestra psicología y no es ajena a nuestros sentimientos de espiritualidad.

Estos dos primeros capítulos no pretenden ser exhaustivos en modo alguno. Mi intención aquí es abordar algunos de los puntos más destacados de estas historias, ampliados con mi propio comentario, y proporcionar algunos antecedentes para el debate posterior sobre el cerebro, la conciencia y la espiritualidad. El capítulo 3 aborda el cerebro como objeto físico y explora la cuestión, siempre desconcertante, de cómo puede surgir la conciencia a partir de un cerebro y un sistema nervioso materiales. Neurocientíficos, filósofos y psicólogos han investigado mucho sobre estos temas. Muchas cosas se conocen. Muchas otras todavía no. Intentaré dar una idea general de algunos de los principales argumentos y conclusiones de esta investigación. El capítulo 4 tomará la consciencia como algo dado y sugerirá que la espiritualidad surge de forma natural de cerebros/mentes con un alto nivel de consciencia e inteligencia sujetos a las fuerzas de la selección natural.

Por otro lado, cada uno de estos capítulos se organizará en torno a una figura destacada: para el capítulo 1, Moses Mendelssohn, quien considero que ha dado algunos de los argumentos más racionales a favor del alma; para el capítulo 2, el antiguo poeta y filósofo romano Lucrecio, que fue uno de los primeros y más elocuentes materialistas; para el capítulo 3, el neurocientífico contemporáneo Christof Koch, líder en la comprensión material de la conciencia; para el capítulo 4, la psicóloga social contemporánea Cynthia Frantz, que ha estudiado la base psicológica y social de nuestra conexión con la naturaleza y con las cosas más grandes que nosotros mismos. En el último capítulo, volveré sobre la idea general del materialismo espiritual y su importancia en el mundo actual. A medida que nuestra nación y nuestro mundo se han ido polarizando en los últimos años, el diálogo entre ciencia y espiritualidad ha adquirido una importancia cada vez mayor. La ciencia y la religión o espiritualidad son las dos fuerzas más poderosas que han dado forma a la civilización humana. Ninguna de ellas va a desaparecer. Ambas forman parte del ser humano. Somos experimentalistas, pero también experimentadores.

1

EL *KA* Y EL *BA*

Breve historia del alma, lo inmaterial
y la dualidad mente-cuerpo

E l hombre se sienta a la mesa, se inclina hacia un amigo en la silla de enfrente. Tiene una mano apoyada en la rodilla, la otra le acaricia ligeramente la corta barba desaliñada de su barbilla. Lleva una chaqueta roja, pantalones oscuros, zapatos con hebillas plateadas, una camisa blanca con puños fruncidos. Mientras su amigo le tiende la mano con una sonrisa, nuestro hombre parece perdido en algún profundo reino interior, como rumiando el vasto cosmos de la existencia terrenal y lo que podría venir después. Su rostro sería reconocido por muchos en la Europa del siglo XVIII, gracias a los numerosos retratos plasmados en tazas de té de porcelana, jarrones y colgantes, bustos y pinturas. Su nombre es Moses Mendelssohn.

Este cuadro en particular,[1] con la chaqueta roja, representa un encuentro entre Mendelssohn y otros dos pensadores: el escritor y filósofo alemán Gotthold Ephraim Lessing y el poeta y teólogo suizo Johann Kaspar Lavater. Este último describió en una ocasión a Mendelssohn como «un alma compañera y brillante, con ojos penetrantes, el cuerpo de un Esopo: un hombre de aguda perspicacia, gusto exquisito y amplia erudición… Franco y de corazón abierto».[2]

Describamos un poco más la escena. A juzgar por el rostro de Mendelssohn, este tiene unos cincuenta años, por lo que el año es 1779. Sobre la mesa hay un tablero de ajedrez y encima cuelga una lámpara de latón, cuya parte superior es un candelabro y la inferior una lámpara de aceite utilizada para el Sabbath y otras fiestas judías. Mendelssohn es el judío más famoso de su generación.[3] Aunque profundamente religioso, ha cruzado la frontera de judío a pagano. Rompiendo con una vida prescrita de estudio del Talmud y la Torá en hebreo, Mendelssohn domina la lengua alemana con más habilidad que el rey prusiano Federico el Grande, y escribe sus numerosas obras filosóficas en esa lengua. En la pared del fondo de la sala hay una estantería llena de libros. El suelo de madera. El techo con vigas. Un mantel verde profusamente bordado sobre la mesa. Una mujer entra en la habitación llevando una bandeja con tazas de té. Esta es la casa de Mendelssohn, en el número 68 de la calle Spandau de Berlín; una casa próspera. Tras comenzar su vida como hijo de un pobre escriba de la Torá y vivir durante años como humilde empleado en una fábrica de seda, Mendelssohn se ha convertido en copropietario de la fábrica.

Pintura de Moses Mendelssohn,
según Anton Graff, WikimediaCommons.

Empiezo con Mendelssohn porque ningún otro filósofo o teólogo en la historia del pensamiento ha de-
fendido tan racionalmente la existencia del alma, el
principal ejemplo, después de Dios, de lo no material.
Aristóteles afirmaba que el alma no podía existir sin un
cuerpo. Agustín atribuía todos los aspectos del alma a
la perfección de Dios, punto de partida de este filósofo
en todas las cosas. Maimónides suponía la existencia del
alma, que se haría inmortal para los virtuosos (pero no
para los pecadores). Mendelssohn no hizo ninguna de
estas suposiciones. Mendelssohn, que había alcanzado la
mayoría de edad tras la revolución científica de Galileo
y Newton, partió de cero. Construyó argumentos lógicos
para la existencia del alma y su inmortalidad. Pensaba
como un científico y como un filósofo. En 1763 ganó el
Premio de la Real Academia Prusiana de Ciencias por un
ensayo sobre la aplicación de las pruebas matemáticas a

la metafísica, imponiéndose a personalidades como Immanuel Kant. En su salón, un retrato de Isaac Newton colgaba junto a los retratos de los filósofos griegos.[4]

Mendelssohn era un polímata. De niño estudió astronomía, matemáticas y filosofía. Escribía poesía. Tocaba el piano (estudió con un alumno de J. S. Bach). A los dieciséis años empezó a aprender latín para poder leer a Cicerón y una versión latina del *Ensayo sobre el entendimiento humano* de John Locke. Aaron Gumperz, el primer judío prusiano en convertirse en médico, enseñó a Mendelssohn francés e inglés. A los veinte años, Mendelssohn se unió al escritor y librero alemán Christoph Friedrich Nicolai para publicar las revistas literarias *Bibliothek* y *Literaturbriefe*. No contento con cinco idiomas, Mendelssohn aprendió griego para poder leer a Homero y Platón en su versión original.

En 1767, Mendelssohn escribió su obra maestra: *Fedón o sobre la inmortalidad del alma*, una reconcepción del famoso *Fedón* de Platón. Con ello, Mendelssohn quería hacer por el mundo europeo moderno lo que Platón había hecho por el mundo griego antiguo: describir la necesidad y la naturaleza del alma. «Intenté adaptar las pruebas metafísicas al gusto de nuestro tiempo»,[5] escribió Mendelssohn modestamente en el prefacio de su libro. Pero hizo algo más que adaptar; presentó nuevos argumentos. Razonó que, aunque el cuerpo y todas las experiencias del cuerpo están compuestos de partes, para llegar al *significado* debe haber algo pensante fuera de las partes que integre y dirija sus sensaciones individuales, del mismo modo que se necesita un director de orquesta para dirigir a una sinfónica.

Además, esta cosa pensante más allá del cuerpo debe ser un todo. Si estuviera compuesta de partes, entonces tendría que haber otra cosa fuera de ella, que compusiera e integrara sus partes, y así *ad infinitum*. «Existe, por tanto, […] al menos una única sustancia que no es extendida, ni compuesta, sino que es simple, que tiene poder del intelecto y reúne en sí todos nuestros conceptos, deseos e inclinaciones. ¿Qué nos impide llamar *alma* a esta sustancia?»[6] Y argumentaba el erudito judío que el alma debe ser inmortal, porque la naturaleza siempre procede en pasos graduales. Nada en el mundo natural salta de la existencia a la nada.

Mendelssohn creía firmemente en Dios y lo menciona con frecuencia en su *Fedón*. Pero, a diferencia de la mayoría de sus predecesores, muchos de sus argumentos sobre la existencia y la naturaleza del alma inmaterial no dependían de la existencia de Dios.

Fedón fue un éxito inmediato. La primera edición se agotó en cuatro meses. Se tradujo al holandés, francés, italiano, danés, ruso y hebreo. Presentaba al hombre como un ser noble, que aspiraba a la verdad y la perfección. Y lo que es quizá más importante, proporcionó a la Europa del siglo XVIII un argumento racional en favor de la existencia y la inmortalidad del alma, en una época en la que las opiniones materialistas estaban muy extendidas como prolongación del mundo mecánico de la revolución científica. Mendelssohn combatió el fuego con fuego. La cosmovisión científica de Newton y otros había reducido el cosmos a un sistema de palancas y poleas. Mendelssohn utilizó esa misma lógica del razonamiento científico para defender una esencia no material, un alma, algo mucho más allá de palancas y poleas.

Mendelssohn fue una brillante estrella de la Ilustración, uniéndose a la constelación de Leibniz, Kant y

Goethe. Lo llamaban «el Sócrates alemán».[7] Nunca fue a la universidad.

Me siento en conexión con Mendelssohn a través del piano. Yo mismo tengo un piano vertical, un Baldwin Acrosonic, y recientemente he estado tocando la «Canción del gondolero veneciano», compuesta por el nieto de Mendelssohn, Felix (como su abuelo, Felix hablaba varios idiomas.) Pero hay más. Mi profesor de piano fue alumno aventajado del compositor y virtuoso de este instrumento Franz Liszt, y resulta que Felix y él eran rivales acérrimos (Felix dijo una vez de su competidor: «Liszt tiene muchos dedos, pero poco cerebro»).[8]

La «Canción del gondolero veneciano» es una de las cuarenta y nueve hermosas piezas de una colección llamada *Canciones sin palabras* (*Lieder ohne Worte*). Tiene algo de tristeza, de nostalgia. Yo asocio esos sentimientos musicales con el abuelo Moisés. Creo que parte de lo que le impulsó en su *Fedón,* aparte de los muchos argumentos racionales, fue un deseo muy personal de inmortalidad, especialmente para su familia. Dos de sus hijos, Sara y Chaim, habían muerto muy jóvenes. ¿Podría ser la muerte el fin de la existencia? Todos nos hacemos esa pregunta. Creo que en *Fedón,* Mendelssohn podría haber estado tratando de calmar el dolor de su familia y darles esperanza, al igual que en el *Fedón,* horas antes de beber la cicuta venenosa —la sentencia de muerte que se le impuso por corromper a la juventud con su filosofía— Sócrates da a sus estudiantes un argumento a favor de la inmortalidad del alma para aliviar su tristeza por su inminente muerte.

Siento a Mendelssohn como familia no solo por el piano, sino también por nuestra mutua apreciación de la ciencia y su razonamiento. Si pudiera sentarme a la mesa de ese cuadro, le haría algunas preguntas. Estoy seguro de que bajo esa reluciente fachada intelectual había algo más que su creencia en Dios. De hecho, Mendelssohn tenía una visión casi deísta de Dios («[Dios] hace tan pocos milagros como es posible»,[9] escribió.) Había algo más que su pérdida personal. Incluso más que su mente racional en acción. Desde un punto de vista puramente lógico, es casi seguro que su principal argumento a favor del alma tiene un fallo garrafal: que una cosa de muchas partes, como el cuerpo, requiere algo fuera de sí misma para reunir las piezas y crear armonía y orden. Es un argumento razonable. Sin embargo, la ciencia del siglo pasado ha demostrado cómo un sistema de muchas partes puede crear orden incluso dentro de sí mismo, en un proceso conocido como *emergencia*, al que me referí en la introducción. Las magníficas catedrales de tierra formadas por colonias de termitas, los patrones de los copos de nieve, las intrincadas y altamente funcionales disposiciones de plegamiento de las proteínas demuestran que no es necesaria una fuerza organizadora externa para producir orden y armonía a partir de partes sin sentido.

Me gustaría contarle a Mendelssohn estas ideas de la ciencia moderna y conocer su reacción. Quizá me refute, o tal vez podría aportar nuevos argumentos, pero creo que todas estas premisas están condenadas al fracaso. En mi opinión, la existencia del alma, al igual que la existencia de Dios, no puede demostrarse con ningún argumento racional (dicho de otro modo, ¿cómo podríamos saber con certeza que algún fenómeno atribuido a Dios no podría explicarse por una causa no teísta?). Los creyentes en el alma, o en Dios, deben aceptar tales creencias como una cuestión de fe. Aun así, admiro el razonamiento de Mendelssohn. Quiero entender las diversas fuerzas que conforman su pensamiento, fuerzas que han perdurado durante miles de años en nuestro intento de encontrar sentido y consuelo en este extraño cosmos en el que nos encontramos. Quiero entender el cómo y el porqué del alma y, de hecho, de todas las cosas no materiales. Y lo que es más importante, creo que la creencia en el alma, compartida por Mendelssohn y otros filósofos y teólogos, tiene algunos de los mismos fundamentos psicológicos y evolutivos que otros sentimientos que he asociado con la espiritualidad.

La creencia en el alma tiene una historia ancestral. Su mención más antigua tal vez se encuentre en los jeroglíficos grabados en las paredes de la cámara funeraria de Unis, faraón de la V Dinastía del Imperio Antiguo de Egipto, que data aproximadamente del año 2315 a. C.:

> ¡Oh, Unis! No os habéis ido muertos; os habéis ido vivos…
> Despachos de tu *ka* han venido por ti, despachos de tu padre han
> venido por ti, despachos del Sol han venido por ti… Te limpiarás en las frescas aguas de las estrellas y subirás al barco solar en cuerdas de metal…
> La humanidad te clamará una vez que las Estrellas Imperecederas te hayan elevado a lo alto.[10]

La finalidad de estos conjuros era ayudar al difunto a unirse con su alma en la otra vida. Los antiguos egipcios creían que cada ser humano estaba compuesto de tres partes: el cuerpo material; un elemento no material llamado *ka*, que era la fuerza vital universal y que regresaba a los dioses tras la muerte, y el *ba* no material, que englobaba la personalidad única del individuo. Al morir, el *ka* y el *ba* se separaban del cuerpo. Para convertirse en un espíritu eterno en la otra vida, el *ba* debía reunirse con su *ka*. Tanto el *ka* como el *ba* eran almas.

La idea de múltiples tipos de almas puede encontrarse en muchas concepciones posteriores de lo espiritual. Los chinos, los hindúes, los inuits, los jainistas, los chamanistas y los tibetanos tienen nociones de almas duales o múltiples. Mendelssohn tiene una idea similar. Divide toda la existencia en tres niveles: «El primer nivel piensa, pero no puede ser pensado por otros [el alma universal]: esta es la única cuya perfección supera todos los conceptos finitos. Las mentes y almas creadas constituyen el segundo nivel [las almas personales]: estas piensan y pueden ser pensadas por los demás. El mundo corpóreo es el último nivel, que solo puede ser pensado por otros, pero no puede pensar por sí mismo».[11] Según Mendelssohn, el propósito del alma personal es encontrar la verdad última, la perfección y la sabiduría. Si asociamos la perfección con el alma universal, entonces el alma personal se esfuerza por fundirse con el alma universal, como el *ba* con su *ka*.

En casi todas las culturas, el alma se ha asociado a algún tipo de fuerza vital que distingue a los seres humanos de las piedras. En otras palabras, el alma es un rasgo distintivo de los seres vivos. Las palabras griega y latina que suelen traducirse como 'alma', *psyche* y *animus*, se refieren a la vida.

El alma es siempre inmaterial, a menudo, pero no siempre invisible, normalmente eterna y normalmente perfecta, en contraste con el cuerpo imperfecto, temporal y corruptible. Comentaba Mendelssohn de nuevo a este respecto: «Mientras caminemos por la tierra con nuestro cuerpo, mientras nuestra alma esté cargada con este azote terrenal, no podremos presumir de ver este deseo [de sabiduría] completamente cumplido».[12] El alma se define casi siempre por su contraste con el cuerpo. Por supuesto, todas las concepciones de la inmortalidad personal, el renacimiento y la reencarnación requieren claramente un alma que pueda existir fuera de este.

En la mayoría de las concepciones teológicas, el alma no ocupa una región definida del espacio; no se puede poner una caja física a su alrededor y decir que lo que está dentro de la caja es el alma y lo que está fuera de la caja no lo es (sin embargo, en la filosofía china,[13] una versión del alma habita *temporalmente* en el hígado, y en la filosofía de Descartes, el alma habita *temporalmente* en la glándula pineal del cerebro). Otra característica comúnmente invocada del alma inmaterial es que no puede subdividirse. Siempre es una cosa entera, como en el argumento de Mendelssohn.

El alma parece ser una especie de energía. Aunque se conciba como tal, no sería material según la concepción de la energía que tienen los científicos modernos. Las diversas formas de energía de las que se habla en física —como la energía del movimiento, la energía gravitatoria, la energía electromagnética— son generadas por partículas materiales. Según la física, todas las formas de energía ocupan espacio, y la cantidad de energía en cualquier región del espacio puede medirse y cuantificarse. Además, esa energía puede convertirse en una cantidad muy específica y cuantificable de materia, mediante la famosa fórmula de Einstein $E = mc^2$. Así pues,

Escritura de sello chino para *hun.*

la energía del físico forma parte del mundo material. No así el alma.

En la filosofía china, cada ser vivo tiene dos almas: una *hun,* que abandona el cuerpo tras la muerte, y una *po,* que permanece en el cuerpo tras la muerte. El alma *hun* adopta la forma de tres caballeros, llamados You Jing, Tai Guang y Shuang Li, que viven en el hígado. Al morir, la *hun* se convierte en *shen,* palabra que significa 'dios' o 'espíritu' y que se asocia con el Cielo. También podemos pensar en el *hun* en términos del concepto fundamental del pensamiento chino: la dualidad *yin-yang.* El *hun,* esencia/espíritu/alma, es *yang,* en contraste con el cuerpo y la Tierra, que es *yin.* Los chinos debaten entre ellos si el alma es inmortal, pero casi seguro que no es material.

La noción de dos tipos diferentes de almas también encuentra expresión en el hinduismo. Existe, en primer lugar, un alma universal, que es pura, inmutable, invisible e infinita. Cuando esta alma universal entra en un cuerpo particular, se convierte en un alma individual, llamada *atman* (o «yo»). Una sección del antiguo texto hindú *Bhagavata-Purana* lo expresa de la siguiente manera: «El alma espiritual [alma universal], la entidad viviente, no tiene muerte, pues es eterna e inagotable... [pero] está obligada a aceptar cuerpos sutiles y burdos creados por la energía material y, por tanto, a estar sometida a la llamada felicidad y angustia materiales».[14]

La creencia en dos variedades de almas parece alimentar dos deseos diferentes: el deseo de inmortalidad personal y el deseo de un mundo eterno y etéreo del que formamos parte. La mayoría de nosotros queremos que nuestro yo individual y personal dure mucho más allá de un exiguo siglo más o menos. La existencia y la vida nos parecen una experiencia demasiado magnífica para acabar cuando nuestros cuerpos materiales se desintegran. Al mismo tiempo, nos reconforta creer que alguna inteligencia o reino atemporal da sentido a este extraño universo en el que nos encontramos y nos abraza como seres individuales. Los budistas no creen en un alma personal —algo que conservaría la identidad del ser individual—, pero sí en una conciencia inmortal y no material, que podría asemejarse al alma universal de otras tradiciones religiosas. El actual (y decimocuarto) dalái lama llama a esta conciencia inmortal «espacio interior».[15] En una película reciente titulada *Potencial infinito*, el dalái lama describe este espacio interior como el nivel más profundo y sutil de conciencia, una especie de conciencia cósmica que es mucho mayor que cualquier ser vivo individual. Cuando nace un niño, hereda una parte de esta conciencia cósmica o espacio interior que no tiene principio ni fin. Es lo único permanente en un universo que, por lo demás, es temporal. De hecho, esta conciencia cósmica precede a nuestro universo particular. Los universos van y vienen, van y vienen en ciclos interminables, pero la conciencia cósmica persiste.

Para creer en un alma o una conciencia cósmica, ya sea el *ka* o el *shen* o el *atman* o el espacio interior budista, tenemos que ampliar nuestra idea del universo. Tenemos que imaginar que más allá del mundo de los átomos y las moléculas, las mesas y las sillas, existe un mundo etéreo, que puede incluir espíritus, fantasmas, el Cielo y el Infierno, y una vida después de la muerte. En el próximo capítulo, hablaré del *vitalismo*, el concepto de que los seres vivos tienen alguna esencia no material, ausente en los seres no vivos, que no obedece a las leyes de la física, la química y la biología. Ese espíritu vital también formaría parte del mundo etéreo, pues este es inmaterial. Según mi definición de materialismo —que el mundo está hecho de cosas materiales y solo de cosas materiales—, la creencia en cualquiera de los componentes del mundo etéreo constituiría no materialismo. En la actualidad, la mayoría de la población mundial cree en diversas partes de este mundo etéreo. Por ejemplo, según el Pew Research Center,[16] el 72% de los estadounidenses creen en el Cielo, definido como un lugar donde las personas que han llevado una buena vida son eternamente recompensadas en algún tipo de existencia incorpórea. El 58% cree en el Infierno. Según una encuesta realizada por YouGov a casi mil trescientos adultos, el 45% de los estadounidenses cree en los fantasmas.[17] Esencialmente, el total de los 1 200 millones de hindúes del mundo cree en un alma inmortal y en algún tipo de reencarnación. Del mismo modo, los 1 800 millones de musulmanes del planeta creen en la vida después de la muerte.

Nunca creí en ninguna de estas cosas. No sé exactamente por qué. Lo que sí sé es que desde muy pequeño desarrollé una visión científica del mundo, no especialmente a partir de los libros, sino de mis propios experimentos. En un gran armario contiguo a mi dormitorio, creé un laboratorio, que abastecí con preciosos objetos de cristal, productos químicos y bobinas de alambre. Y construí cosas. Medí cosas. Construí péndulos atando un peso de pesca al extremo de una cuerda. Había leído en algún libro que el tiempo que tardaba un péndulo en realizar una oscilación completa era proporcional a la raíz cuadrada de la cuerda (por ejemplo, un péndulo de sesenta centímetros debería tener un tiempo de oscilación dos veces mayor que un péndulo de quince centímetros, aproximadamente). Construí montones de péndulos de diferentes longitudes y, con un cronómetro y una regla, comprobé personalmente esta asombrosa ley. Siempre funcionaba. Por lo que podía ver, la naturaleza se comportaba según números y reglas.

A los doce años, después de ver la película de Frankenstein en la que saltaban chispas eléctricas gigantescas, decidí construir mi propia bobina de inducción. Consistía en enrollar algo más de kilómetro y medio de alambre fino alrededor de unas varillas metálicas. Un alambre más grueso enrollado alrededor de dichas varillas servía para hacerlas magnéticas. Cuando se encendía y apagaba rápidamente la electricidad que pasaba por ese alambre (producida por una simple pila de seis voltios), el campo magnético de estas oscilaba. Eso, a su vez, creaba una gran corriente eléctrica en el fino alambre, que entonces podía producir chispas fugaces. El campo magnético oscilante era, por supuesto, invisible, pero producía efectos muy visibles. Así pues, de mi bobina de inducción aprendí que incluso la energía invisible puede medirse y obedece a ciertas reglas. No veía ninguna razón para creer en algún tipo de sustancia mística que no pudiera medirse y manejarse.

Una experiencia importante que contribuyó a mi compromiso con el mundo material ocurrió un verano en el que visitaba a mis abuelos en su casa de campo junto al mar. Por las noches me divertía caminando hasta el final del muelle y tirando piedras al agua. Un día, al anochecer, me dio por agitar el océano con un palo. Para mi sorpresa, brillaba. Volví a agitarlo. El agua volvió a brillar. Nunca había visto algo así. Parecía magia pura. Recogí un poco del agua «sobrenatural» del océano en un tarro y me lo llevé a casa para enseñarles a Nana y a Grandpoppy la magia que había descubierto. En casa, miré más de cerca el tarro y pude ver pequeños bichos nadando. Así que esa era la fuente de la luz. No era magia, solo eran bichitos. Era algo material. Más tarde supe que ciertos animales y plantas tienen unas particulares moléculas que se iluminan cuando se perturban. Se llama bioluminiscencia. Sin embargo, en lugar de decepcionarme, me alegré aún más. Los bichitos eran capaces de cosas maravillosas. Aunque de niño desarrollé una visión científica del mundo, también comprendí que no todas las cosas eran susceptibles de análisis cuantitativo. Recuerdo algunas experiencias particulares que ahora calificaría de espirituales, aunque entonces no habría utilizado ese vocabulario. Destaca una experiencia notable. Tenía unos nueve años, era un domingo por la tarde y estaba solo en un dormitorio de mi casa de Memphis, Tennessee, mirando por la ventana la calle vacía, escuchando el débil sonido de un tren que pasaba a gran distancia. De repente, sentí que me miraba a mí mismo desde fuera de mi cuerpo. Durante unos breves instantes, tuve la sensación de ver toda mi vida, y de hecho la vida de todo el planeta, como un breve parpadeo en un gran abismo temporal, con un lapso infinito de tiempo antes de mi existencia y después de ella. Mi fugaz sensación incluía el espacio infinito. Sin cuerpo ni mente, flotaba de algún modo en la gigantesca extensión del espacio, mucho más allá del sistema solar e incluso de la galaxia, un espacio que se extendía una y otra vez. Me sentía una mota diminuta, insignificante. Una mota en un universo inmenso que no se preocupaba por mí ni por ningún ser vivo ni por sus pequeños puntos de existencia: un universo que simplemente era. Y sentí que todo lo que había experimentado en mi joven vida, la alegría y la tristeza, y todo lo que experimentaría más tarde, no significaba absolutamente nada en el gran esquema de las cosas. Fue una sensación liberadora y aterradora a la vez. Entonces, el momento terminó y volví a mi cuerpo.

¿Qué fue aquello que experimenté a los nueve años? A pesar de la lúgubre sensación de que el universo no se preocupaba lo más mínimo por mí, me sentía conectado a algo mucho más grande que yo mismo. Quizá esas experiencias que muchos tenemos motiven la creencia en un alma universal o en una conciencia universal.

Aunque Mendelssohn probablemente conocía las concepciones egipcias, chinas e indias del alma, habría estado más influido por la filosofía occidental, su antecedente directo. Platón fue una inspiración primordial. En un pasaje del *Fedón* (*c.* 360 a. C.), Sócrates explica a uno de sus seguidores, utilizando su método habitual de la pregunta retórica, que «lo que se ve es lo cambiante y lo que no se ve es lo inmutable...»[18] (como es habitual en los diálogos de Platón, Sócrates expone astutamente sus puntos de vista formulando preguntas de las que conoce las respuestas). Sócrates continúa diciendo que el alma es la parte inmutable e invisible de un ser vivo, «arrastrada por el cuerpo a la región de lo cambiante... Pero cuando al volver a sí misma reflexiona, entonces pasa al otro mundo, a la región de la pureza, la eternidad, la inmortalidad y lo inmutable».

Platón identifica claramente ese ente invisible e inmutable con el alma. Me llama la atención que Platón pudiera concebir lo invisible, desde luego en sentido literal. Los cinco elementos con los que Aristóteles creó el cosmos —tierra, aire, agua, fuego y éter— eran *visibles*. Incluso el aire era visible, era el aliento de una persona en un frío día de invierno o la bruma que se levantaba de un estanque a primera hora de la mañana. Todo visible. Antiguamente, ¿cómo se imaginaba lo invisible? ¿Cómo se podía imaginar lo invisible? (ciertamente, podemos imaginar cosas que en la actualidad no vemos, como un libro en un cajón cerrado, pero una cosa que no se puede ver es diferente). Desde el siglo XIX sabemos que hay muchas cosas invisibles. Por ejemplo, solo una pequeña parte del espectro electromagnético es visible para el ojo humano. Los rayos gamma, los rayos X, los ultravioleta, los infrarrojos y las ondas de radio son invisibles. Los campos magnéticos de la bobina de inducción de mi infancia tampoco se podían ver.

¿Y por qué afirma Sócrates, sin ninguna objeción de sus discípulos, que lo invisible es inmutable? ¿En qué se basa? Las cosas invisibles que hoy conocemos —los rayos X y las ondas de radio— cambian. Se mueven de un lugar a otro; pueden crearse y destruirse. Por supuesto, tenemos la retrospectiva de dos mil años de descubrimientos científicos. Aun así, Sócrates está haciendo algunas suposiciones que podrían haber sido cuestionadas por sus seguidores (quizás utilizando el método socrático a la inversa).

Además de su invisibilidad, la *indivisibilidad* del alma es uno de sus atributos definitorios, estrechamente relacionado con su falta de extensión en el espacio. Por el contrario, todo lo material puede localizarse en el espacio, así como dividirse en partes. Ocho siglos después de Platón, san Agustín de Hipona (354-430), en sus *Cartas*, escribió que un alma no podía ser una cosa que «ocupa un lugar mayor con una parte mayor de sí misma y un lugar menor con una parte menor». Con esta afirmación, Agustín no solo está diciendo que el alma no ocupa un espacio físico, sino también que no se puede pensar que el alma tenga partes. Una cosa con partes puede dividirse, pero el alma, tal como la concebían estos pensadores, era un todo indivisible. Además, Agustín estaba de acuerdo con Platón en que esta es una cosa en sí misma, independiente del cuerpo: «El alma […] me parece una sustancia especial, dotada de razón, adaptada para gobernar el cuerpo».[19]

La indivisibilidad es una de esas cualidades que asociamos a las cosas fundamentales y perfectas. La perfección incluye una noción de completitud, como una sinfonía que se arruinaría si se suprimiera alguna nota.

Quizás irónicamente, los seres humanos siempre hemos anhelado la perfección, aunque nunca la hayamos visto. Como comentaré más adelante, los antiguos griegos imaginaban que el mundo estaba hecho de cosas diminutas e indivisibles llamadas átomos. Sin embargo, los átomos griegos eran materiales. A diferencia de las almas, ocupaban un espacio físico. Hoy sabemos que estos pueden dividirse en trozos aún más pequeños, protones y neutrones, que a su vez se componen de cosas aún más pequeñas llamadas quarks. De hecho, uno de los objetivos de la física moderna, utilizando nuestros gigantescos rompedores de átomos, es encontrar las partículas más fundamentales y elementales de la naturaleza, que ya no pueden dividirse. El final del camino, por así decirlo. Creo que esta búsqueda de lo indivisible y lo perfecto es inherente a nuestra psicología humana, no solo porque permite comprender y predecir mejor el mundo en que vivimos, sino también porque satisface algún profundo anhelo de un mundo más allá, un mundo de perfección.

Ocho siglos después de san Agustín, llegamos a santo Tomás de Aquino (1225-1274), sin duda el pensador cristiano más influyente. Santo Tomás desempeñó un papel en el redescubrimiento de Aristóteles, ya que sus obras se tradujeron del griego al latín e intentaron reconciliar la filosofía de Aristóteles con la doctrina cristiana. Pero la reconciliación solo pudo llevarse hasta cierto punto. Aristóteles sostenía que el universo no tuvo principio, en total contraposición con el relato del Génesis. En su discusión sobre el alma, Aquino comienza, como la mayoría de los filósofos y teólogos, asociando el alma con la vida: «El alma se define como el primer principio de la vida en aquellas cosas que, a nuestro juicio, viven; porque llamamos "animadas" a las cosas vivas e "inanimadas" a las que no tienen vida».[20] A continuación, Aquino argumenta que el alma no puede ser material, porque si el principio de vida fuera intrínseco a los cuerpos, entonces todos los cuerpos serían seres vivos. Puesto que algunos como las rocas claramente no son vivientes, la suposición de partida debe ser errónea. Así pues, el alma no es intrínseca a los cuerpos materiales; debe ser algo sin cuerpo, es decir, algo inmaterial.

Si he entendido bien este argumento, lógicamente lo encuentro erróneo. ¿Por qué el «primer principio de la vida» no podría residir en algunos cuerpos materiales, pero no en otros? Algunas hojas son redondeadas, pero eso no significa que algo puntiagudo no pueda ser una hoja. De hecho, resulta que algunas hojas son puntiagudas. Estoy intentando refutar el argumento racional de santo Tomás a favor del alma inmaterial con otro argumento racional, pero, de nuevo, creo que todos los argumentos racionales a favor del alma tienen poco fundamento. O crees o no crees.

Como la mayoría de los pensadores cristianos, santo Tomás creía que el alma era inmortal: «Algunos poderes pertenecen solo al alma como su sujeto; como el intelecto y la voluntad. Estas facultades deben permanecer en el alma después de la destrucción del cuerpo».[21] Para un científico moderno, la inmortalidad puede ser el concepto más difícil de aceptar. Nada de lo que conocemos en el universo es inmortal. Incluso las estrellas acaban agotando su combustible nuclear y se convierten en frías cenizas que flotan en el espacio.

A menudo me pregunto qué es lo que me da un sentido de mí mismo: el ego, la conciencia de mí mismo... ¿De dónde viene esa sensación? ¿Cómo surge esa sensación única de meros átomos y moléculas? ¿Cómo surgen el pensamiento y las emociones de simples átomos y moléculas? Independientemente de la respuesta a estas preguntas, es un hecho innegable que tenemos. Y a partir de ese hecho, el filósofo René Descartes (1596-1650) construyó el mundo. *Cogito, ergo sum.* Pienso, luego existo. En mi opinión, se trata de la afirmación más poderosa y convincente jamás articulada por un filósofo. Lo que es más polémico es la afirmación de Descartes de que la cosa que tiene pensamientos, la mente, es de una naturaleza completamente diferente del cuerpo material —la llamada dualidad mente-cuerpo—. Para Descartes, la mente no es material. En su *Discurso sobre el método para bien conducir la razón y buscar la verdad en las ciencias* (1637), Descartes afirma no solo que la mente es inmaterial, sino que puede existir independientemente del cuerpo. Su argumento es, en esencia, que puede concebir un mundo en el que no tenga cuerpo, pero no puede concebir un mundo en el que no tenga pensamientos. «A partir de ahí supe que yo era una sustancia cuya esencia o naturaleza es pensar, y que para su existencia no hay necesidad de ningún lugar, ni depende de ninguna cosa material; de modo que este "yo", es decir, el alma por la que soy lo que soy, es enteramente distinto del cuerpo».[22] Por *alma*, Descartes entiende la esencia inmaterial y única del ser humano particular, una de cuyas funciones es pensar. Lo que lo distingue de los demás filósofos y teólogos que hemos considerado es que Descartes parte de la mente más que del alma, aunque para él ambas están relacionadas y ambas son inmateriales. Antes de postular una sustancia inmaterial, parte de algo que sabe con certeza: que es una cosa pensante.

Mi objeción a su argumento de la separación entre mente o alma inmaterial y cuerpo material es similar a mi problema con el argumento de santo Tomás. El simple hecho de que Descartes pueda imaginar un mundo sin cuerpo no significa que su mente pensante habite ese mundo. Y no ha demostrado que sus pensamientos no «dependan de ninguna cosa material». La filósofa Rebecca Goldstein me ha señalado un nivel más sutil del argumento de Descartes. Afirmaba que comprendía que pensar formaba parte de su esencia, incluso sin tener ninguna experiencia del mundo físico, y que este conocimiento le llegó mucho antes de comprender que tenía un cuerpo físico. El problema con esta afirmación es que algunas cosas tienen cualidades esenciales (esencias) que no pueden conocerse antes de la experiencia física. Por ejemplo, una cualidad esencial del agua es que está formada por átomos de hidrógeno y oxígeno, pero no podríamos imaginar ese hecho sin la experiencia con el mundo físico. Podríamos imaginar una cosa que llamamos «agua», pero si esa cosa imaginada no estuviera hecha de átomos de hidrógeno y oxígeno, no sería agua.

Como expondré en el tercer capítulo, la neurociencia moderna tiene pruebas fehacientes de que el yo pensante está enraizado en el cerebro material y el sistema nervioso, una base física para el pensamiento que Descartes no podía conocer y, sin duda, una cualidad esencial del pensamiento que requiere experiencia con el mundo físico. En otras palabras, desde el punto de vista de la ciencia moderna, solo existe una sustancia, las neuronas y los átomos del sistema nervioso, aunque esas neuronas sean capaces de producir fenómenos espectaculares como la conciencia, la conciencia de uno mismo, la imaginación y la inteligencia. Creo en la materialidad de la mente, pero confieso que la naturaleza de la conciencia me sigue desconcertando.

Como otros antes que él, Descartes dice que una característica distintiva del alma es que no puede subdividirse: «No se puede concebir de ningún modo la mitad o el tercio de un alma, ni qué extensión ocupa, y del hecho de que [el alma] no se empequeñece porque se corte alguna parte del cuerpo».[23] Descartes difería de la opinión de la mayoría de sus predecesores de que el alma da vida al cuerpo. En su filosofía, el cuerpo era una cosa mecánica que se desgastaba (moría) cuando se agotaban su calor y su movimiento, mientras que el alma inmaterial estaba estrechamente asociada al pensamiento, una cosa completamente separada (no material) de este.

El dualismo de Descartes no está respaldado por nuestra comprensión moderna de la biología. Ahora creemos que todo nuestro pensamiento ocurre dentro del sistema nervioso físico, aunque todavía no comprendamos la base física de la conciencia. (Véase el capítulo 3.) Por tanto, en la biología actual, mente y cerebro son la misma cosa. Sin embargo, ya en la década de 1950, el destacado biólogo John Eccles defendía una separación de tipo cartesiano entre mente y cerebro. En un famoso artículo publicado en 1951 titulado «Hypotheses Relating to the Brain-Mind Problem»[24] ('Hipótesis relativas al problema cerebro-mente'), Eccles afirmaba que la experiencia, la memoria y el pensamiento son «inasimilables al sistema materia-energía». Me parece fascinante que, incluso bien entrado el siglo XX, un destacado biólogo siguiera creyendo en una base no material para la conciencia y el pensamiento, subrayando la sensación totalmente única de la conciencia y el misterio de la experiencia en primera persona.

Por último, al tratar de comprender los antecedentes de Mendelssohn, llego a Gottfried Wilhelm Leibniz (1646-1716), no solo un destacado filósofo, sino también un científico y matemático muy distinguido. De hecho, Leibniz publicó su invención del cálculo antes que Newton, aunque en realidad este último hizo su descubrimiento con anterioridad. Según uno de sus biógrafos, Mendelssohn consideraba a Leibniz el mejor de todos los filósofos. El autor de *Fedón* admiraba la idea optimista de Leibniz de que nuestro mundo es «el mejor de los mundos posibles».[25]

También admiraba las raíces científicas y matemáticas de Leibniz, lo que proporcionó a su pensamiento un marco analítico muy parecido al del propio Mendelssohn. Leibniz tenía su propia visión de lo no material, algo que llamó *mónadas*. En su filosofía, las mónadas eran los elementos indivisibles que componían el mundo. Eran infinitas en número, aunque cada una era única y actuaba independientemente de las demás. No tenían forma. No tenían longitud, ni anchura, ni amplitud. Por tanto, no ocupaban espacio. Eran simples. No estaban hechas de ningún material en sí, y, sin embargo, todas las cosas materiales estaban compuestas de ellas. Leibniz llamó a sus mónadas «los verdaderos átomos de la naturaleza».[26] Pero eran muy diferentes de los átomos de los antiguos romanos y griegos, que eran materiales y se extendían en el espacio.

Gottfried Wilhelm Leibniz,
por Andreas Scheits (1655-1735), Wikimedia Commons.

Todos los filósofos, desde Confucio a Aristóteles, pasando por al-Kindi, han intentado comprender el mundo en términos de elementos fundamentales. Para Leibniz, esos elementos más simples e indivisibles eran las mónadas. Además, fue a través estas —según él— que Dios creó «el mejor de los mundos posibles», porque cada mónada fue hecha por Dios y programada con sus propias instrucciones individuales para lograr la armonía y la perfección. Sin embargo, las mónadas no eran almas. Al ser las unidades más simples posibles, no tenían sensaciones ni recuerdos, que, según Leibniz, eran necesarios para las almas.

Hoy en día poco queda de las mónadas de Leibniz. No son átomos porque no son materiales. No son los elementos abstractos de las matemáticas porque cada una es única. Y el propio Leibniz dijo que no son almas.

Sin embargo, el alma de los ancestros sigue viva hoy en día. La mayoría de las personas que conozco, en todos los ámbitos de la vida, creen en alguna cosa no material que sobrevive a su muerte corporal. En un discurso en su Audiencia General de 2014, el papa Francisco dijo que «el Cielo, más que un lugar, es un estado del alma».[27] Micah Greenstein, destacado rabino del Templo Israel de Memphis (Tennessee), me dijo que «no somos cuerpos con almas, sino almas con cuerpos. La vida después de la muerte es la reconexión definitiva con Dios».[28] Cuando hablo con mi mujer sobre el alma, me dice que le gusta mantener abiertas sus opciones, y cree firmemente en una energía cósmica no material que conecta a todos los seres vivos. Esa energía cósmica parece estar relacionada con el *ka* de los antiguos egipcios y el espacio interior de los budistas modernos. Para quienes creen en esa energía cósmica, debe producir sentimientos como los que experimenté cuando establecí contacto visual con esas águilas pescadoras en Maine.

He releído el *Fadón* de Mendelssohn. Y me sorprende la cantidad de veces que menciona la verdad, la sabiduría y la perfección. Empiezo a pensar que su búsqueda de estas cualidades —incluso más que su deseo de inmortalidad o de reencuentro con Dios— estaba detrás de su apasionada creencia en el alma. He aquí algunos ejemplos: «Estamos seguros de que el conocimiento de la verdad es nuestro único deseo [...] Vemos claramente que nunca alcanzaremos la sabiduría, la meta de nuestros deseos, hasta después de nuestra muerte [...] ¿Veis, amigos míos, hasta qué punto el hombre que ama la sabiduría debe alejarse de los sentidos y de sus objetos, si quiere captar [...] el Ser Todo Máximo y Perfectísimo?».[29] Ya desde muy joven, Mendelssohn aspiraba al conocimiento, a la perfección y a la vida de filósofo. A los veintiséis años, en un ensayo titulado *Über die Empfindungen* ('Sobre los sentimientos'), escribió que «la contemplación de la estructura del mundo sigue siendo una fuente inagotable de placer para el filósofo. Endulza sus horas solitarias, llena su alma de los sentimientos más sublimes [...] Hay en mí un impulso irresistible hacia la completitud y la perfección».[30]

Aunque pocos de nosotros somos filósofos, muchos abrazamos los ideales de pureza, perfección y sabiduría. Para Mendelssohn, el alma inmaterial no solo era el portador de estos ideales, sino también el vehículo para alcanzarlos, una vez que atravesamos este reino material. Mendelssohn estaba profundamente consagrado a Dios. Era un maestro de las lenguas. Fue padre y esposo. Por encima de todo, quería aprender cómo funciona el mundo, su verdad. Como un científico.

Creo que hay varias razones por las que muchos de nosotros creemos en el alma y en el mundo etéreo en el que esta vive. Por supuesto, está el deseo de continuar existiendo más allá de nuestra muerte personal. Y, como para Mendelssohn, el anhelo de perfección y pureza. Para muchos de nosotros, como dijo el rabino Greenstein, el deseo es reconectar con Dios. Yo sugeriría también la atracción de un lugar alejado del polvo y las dificultades del mundo actual que conocemos. El anhelo de un mundo así no es ajeno a la creencia en los milagros

—la cual es compartida por la mayoría de personas en todo el mundo—. ¿Por qué creemos en los milagros? Queremos experimentar asombro, maravilla, novedad. Lo milagroso puede ser aterrador, pero también estimulante. Parte de ese atractivo lo expresó hace casi tres siglos el filósofo escocés David Hume en su ensayo *Sobre los milagros* (1748): «La pasión de la sorpresa y el asombro que surge de los milagros, siendo una emoción agradable, da una tendencia razonable hacia la creencia de esos acontecimientos, de los que se deriva».[31] En su libro *Wonders and the Order of Nature* ('Curiosidades y el orden de la naturaleza'),[32] las historiadoras de la ciencia Lorraine Daston y Katharine Park documentan el encanto de la humanidad por las maravillas y las rarezas. Sorpresas y peculiaridades. Milagros. Marco Polo se entusiasma al encontrar leones completamente negros en el reino indio de Quilon. Otros viajeros registran con entusiasmo calabazas con animalitos parecidos a corderos en su interior; bestias con cara de humanos y cola de escorpión; unicornios, y personas que vomitan gusanos. El mundo de lo milagroso, como el mundo etéreo, es un lugar de imaginación, un lugar no limitado por la realidad en la que vivimos.

Supongo que todos queremos escapar de esta vida monótona y ardua en ocasiones. Mendelssohn nació jorobado, y lo abucheaban y acosaban por ser judío. El mundo del alma le ofrecía una vía de escape. Allí podía desaparecer en el abrazo amoroso de la verdad y la perfección.

Para mí, las matemáticas han sido también una vía de escape. Son un mundo de pureza y perfección. Un mundo de verdad, de certeza, tan limpio y nítido como un billete nuevo de veinte euros. La circunferencia de un círculo dividida por su radio es siempre el mismo número, un número concreto, con un número infinito de dígitos. Cuando visito el mundo de las matemáticas, sentado en mi escritorio garabateando ecuaciones o leyendo un libro del tema, pierdo toda noción de mi cuerpo, del tiempo y del espacio. Números y ecuaciones diferenciales, curvas, planos y tetraedros son mansiones en las nubes, sólidas y fantasmales a la vez. Puedes contemplar ese mundo, sin cuerpo, por supuesto, y ver todo tipo de cosas extrañas y maravillosas, y tienes la sensación de que ha estado ahí desde siempre. Los marcianos lo entenderían. Puedo quedarme allí durante horas, hasta que me canso o necesito comer. Es perfecto. Quizá el alma sea así. A veces, me gustaría creer en el alma. Pero tengo las matemáticas.

El alma, aunque no es material, vive en algún dominio infinito del tiempo y del espacio, quizá más allá de estos. Puede que los infinitos no existan en el mundo físico. Nunca lo sabremos, pero lo que sí sabemos es que nada en nuestro mundo físico dura para siempre. Todo acaba por desintegrarse y desaparecer. Las ciudades se desmoronan, los bosques arden, los seres humanos se deterioran y mueren, sus átomos se desintegran y se mezclan con el suelo, los océanos y el aire.

Sin embargo, existe una teoría cosmológica, propuesta por el distinguido físico de Stanford Andréi Linde, que predice que nuestro universo, así como otros universos, engendra constantemente nuevos universos en una cadena interminable de creación cósmica, que se extiende hacia el futuro por toda la eternidad. La teoría se llama *inflación eterna caótica*.[33] Está respaldada por algunas ecuaciones serias y ya ha hecho predicciones precisas de fenómenos en nuestro universo particular. En algunos de sus artículos, Linde ilustra su modelo de inflación caótica eterna como un espeso seto de bulbos ramificados, cada bulbo un universo separado, conectado a los bulbos antecesores y descendientes por finos tubos. El conjunto de universos se denomina *multiverso*. Resulta asombroso contemplar la imagen de Linde y darse cuenta de que cada bulbo representa un universo entero, algunos con estrellas y planetas, ciudades, árboles, hormigas o criaturas parecidas a las hormigas, puestas de sol. Algunos probablemente pura energía, desprovistos de vida. Probablemente nunca podremos determinar su teoría es cierta, pero ofrece la posibilidad de que nuestro universo no sea todo lo que hay, ni en el espacio ni en el tiempo.

Y si pensamos completamente como científicos ahora, si adoptamos una visión verdaderamente cósmica del mundo, más allá de la vida de los individuos, incluso más allá de la vida de nuestro universo particular, podríamos concebir algún tipo de inmortalidad, una de las características atractivas del alma inmaterial. Los universos individuales, como las vidas individuales, pueden ir y venir. Pero la constelación de todos los universos, que se ramifican unos de otros, puede durar para siempre.

2

PRIMORDIA RERUM

Breve historia del materialismo

En las antiguas Grecia y Roma, la muerte era tan familiar como el vecino de al lado. Si una madre daba a luz a diez hijos, lo más probable era que solo tres vivieran hasta los diez años. Para los supervivientes de la infancia, la esperanza de vida no superaba los cuarenta años. Un mosaico del suelo de Pompeya muestra el tejado de una casa bajo el cual hay emblemas de la vida doméstica: una rueda, un hierro para atizar el fuego del hogar, un saco de grano.[1] En el centro hay una gran calavera, el *memento mori*, el recuerdo constante de la muerte.

Al no conocer los gérmenes, la gente tenía poca idea de lo que acechaba para matarlos. «Fiebre romana» era el nombre de la malaria. Disentería, otro asesino común, significaba literalmente «intestinos malos». Muchos jóvenes morían de enfermedades infecciosas desconcertantes como el tifus, la difteria y la gripe. Otras causas importantes de fallecimiento eran las enfermedades venéreas, el cólera y la peste.

Tucídides describió vívidamente la peste (probablemente viruela o tifus) que asoló Atenas en 430 a. C. y mató a un tercio de su población: «Las personas que gozaban de buena salud fueron atacadas de repente por violentos calores en la cabeza, enrojecimiento e inflamación de los ojos [...] Cuando se localizaba en el estómago, lo trastornaba, y se producían descargas de bilis de todas las clases nombradas por los médicos, acompañadas de una gran angustia. En la mayoría de los casos se producían también arcadas inútiles, que producían espasmos violentos».[2]

Las medicinas y los intentos de curación se basaban más en la superstición que en la ciencia. Para muchas dolencias, la solución habitual era la sangría. Algunos médicos hacían sus diagnósticos probando los fluidos corporales del paciente. La epilepsia se trataba comiendo un cerebro de camello seco empapado en vinagre. Aunque existía cierta conciencia sobre los peligros de las grandes reuniones en espacios abarrotados, a menudo se hacía caso omiso de las advertencias, lo que propagaba aún más las enfermedades infecciosas. Aquellos que vivían en apartamentos arrojaban sus excrementos a la calle. Los retretes de los mercados eran simples agujeros en el suelo. Para limpiarse después de usar las letrinas públicas, los clientes compartían un utensilio llamado *xylospongium* o *tersorium*, que era esencialmente una esponja en un palo.

Pero había algo aún peor que el miedo al sufrimiento azaroso y a la muerte: el miedo a lo que podría venir después. Los antiguos romanos y griegos creían que las almas de los que cometían malas acciones serían torturadas en el Hades para siempre. La región más oscura y terrible del inframundo se llamaba Tártaro. Tras la muerte, el alma de una persona era llevada ante Ramadantis, un semidiós que fue rey de Creta. Según uno de los diálogos de Platón, si Ramadantis juzgaba que una persona había pecado, su alma «está marcada con el látigo, y está llena de las huellas y las cicatrices de los perjurios y crímenes con los que cada acción le ha manchado, y está toda torcida por la falsedad y la impostura, y no tiene rectitud, porque ha vivido sin verdad».[3] Aquellas almas desdichadas declaradas culpables de los peores crímenes soportarían «los sufrimientos más terribles, dolorosos y espantosos como castigo de sus pecados» por toda la eternidad. Virgilio describió el Tártaro como «el mar de la noche profunda y de los demonios castigados».[4] Continúa diciendo que este lugar está rodeado por triples muros, para impedir que sus condenados residentes escapen, y que se pueden oír «los gemidos de los fantasmas, los dolores de los latigazos sonoros y las cadenas que se arrastran».

Una talla de mármol del sur de Turquía, que data del siglo II d. C., representa el castigo eterno de Ixión, antiguo rey de los lápitas de Tesalia, que asesinó a su padre empujándolo sobre unas brasas ardientes. El escenario es el Tártaro. Ixión aparece encadenado a una rueda, mientras otro personaje lo azota.

Un filósofo y poeta romano llamado Tito Lucrecio Caro (c. 99 a. C.-54 a. C.) se opuso a la nefasta posibilidad

Talla de mármol del castigo de Ixion, imagen ID: HJ3883, Chris Hellier/ Alamy Stock Photo, con permiso.

de la tortura y el dolor eternos. El más allá es pura superstición, decía Lucrecio. No existe, el cuerpo y el alma no son más que átomos materiales, que él llamaba *primordia rerum*, «los elementos primarios». Cuando una persona muere, sus átomos se dispersan como «la niebla y el humo se dispersan en el aire [...] Por lo tanto, la muerte no es nada para nosotros».[5]

Lucrecio fue el materialista más influyente del mundo antiguo, y su concepción de los átomos como los diminutos e indestructibles bloques de construcción de la naturaleza resonó a lo largo de los siglos, escuchada más tarde por Dalton y Einstein.

Lucrecio tomó prestada su hipótesis atómica de los pensadores griegos Demócrito (460 a. C.-370 a. C.) y Epicuro (341 a. C.-270 a. C.). Como ellos, su principal misión era disminuir el miedo a la muerte. Sin embargo, su expresión de esas ideas, un poema de unas siete mil cuatrocientas líneas titulado *De rerum natura (De la naturaleza)*, no solo superó a sus predecesores griegos en profundidad y perspicacia, sino que también se consideró una obra maestra de la belleza y la pasión literarias. El orador romano Cicerón escribió que el poema de Lucrecio estaba «lleno de una brillantez inspiradora, pero también de gran maestría».[6]

Los primeros cristianos despreciaron el poema por su rechazo del alma eterna y de la religión en general. Después, los versos estuvieron casi desaparecidos durante mil años. El poema se habría perdido para siempre de no ser por los esfuerzos de un erudito italiano del siglo XV llamado Poggio Bracciolini (1380-1459),[7] que descubrió en un monasterio alemán la que quizá fuera la última copia conservada de *De rerum natura* y la devolvió al mundo. Hoy en día, el poema se considera una de las obras literarias más importantes en lengua latina, y de hecho hay muchos estudios sobre ella. Comentaré las partes que han sido más significativas para mí. Conocí el poema en la universidad. Antes, en el instituto, descubrí que tenía un oído pésimo para las lenguas habladas, así que me refugié en el latín. Nunca tuve que pronunciar una palabra. Sobre el papel, podía conjugar verbos durante horas: *sum, es, est, sumus, estis, sunt.* Al ver mis puntos fuertes y mis carencias, mis profesores me animaron amablemente a completar mi requisito lingüístico universitario con el latín en lugar del alemán o el francés. Si no recuerdo mal, Lucrecio no era obligatoria, como sí eran Virgilio y Catulo, pero lo leí de todos modos, para desconcierto y diversión de mis compañeros de habitación.

Yo estudiaba física. Aunque enseguida me di cuenta de que el autor de *De rerum natura* no estaba al tanto de la relatividad, quedé fascinado por la exhaustividad de su explicación científica del mundo. Algunos átomos eran lisos, otros dentados; algunos eran blandos, otros duros; algunos estaban muy pegados los unos a los otros, otros vagamente ensamblados con los espacios ocupados por el «vacío», y estas características atómicas explicaban todas las diferentes propiedades y comportamientos de la materia. Los truenos se producían por la colisión de las nubes. Los relámpagos «cuando las nubes, por su colisión, han arrojado muchas semillas de fuego; como si una piedra o un acero golpearan una piedra, pues entonces también salta una luz».[8] Todos los fenómenos naturales del cosmos encontraban explicación en términos de átomos.

Como los átomos no podían crearse ni destruirse, el universo siempre había existido, desde un tiempo infinito en el pasado. Además, el universo era infinito en el espacio, sin límite exterior. Lucrecio llega a esta conclusión suponiendo que un valiente voluntario se dirige al borde extremo del cosmos y arroja una lanza hacia el exterior. ¿Chocará contra algo sólido o seguirá avanzando? Cualquiera de las dos opciones plantea un problema para un universo finito y delimitado, dice Lucrecio. Si la lanza continúa, entonces hay espacio más allá; si es obstruida, entonces debe haber material que haga la obstrucción, y ese material ocupa volumen. Por lo tanto, el espacio no puede tener fin. Buen razonamiento (dos mil años más tarde, la teoría del cosmos de Einstein y la forma en que la gravedad puede alterar la geometría del espacio invalidarían el argumento de Lucrecio).

Más que nada, me impresionó la creencia de Lucrecio en una naturaleza reglamentada. No necesariamente en términos cuantitativos, pues no hay un solo número o

Lucrecio, autor desconocido, Wikimedia Commons.

ley específica en el poema, sino en la noción de que la naturaleza obedece a la lógica y a las leyes, fuera de la provincia de los dioses, y esas leyes pueden ser comprendidas por los seres humanos mortales. Me volví su fan.

Poco se sabe de Lucrecio. Evidentemente, siguió el consejo epicúreo de vivir en silencio y pasar desapercibido. Uno de los escasos testimonios de su vida son algunas frases de las *Crónicas* de san Jerónimo (342-420), quien escribió: «Nació el poeta Tito Lucrecio. Se volvió loco por una poción de amor y, habiendo compuesto en los intervalos de su locura varios libros que Cicerón corrigió después, se suicidó a los cuarenta y cuatro años».[9] Lucrecio era probablemente un aristócrata, como sugiere la familiaridad de su poema con la vida romana, incluida la de la clase privilegiada. Dirigió su poema a Gayo Memio, un funcionario judicial del 58 a. C. a quien Lucrecio consideraba un igual.

De rerum natura consta de seis libros. Los dos primeros exponen la hipótesis atómica. Según Demócrito, el mundo está formado por partículas diminutas, indivisibles e indestructibles: los átomos o «primeros principios». Existe un número infinito de átomos de distintos tamaños, formas y pesos (todos demasiado pequeños para ser visibles), que dan lugar a las diferentes propiedades de los distintos materiales del mundo.

El cambio se produce como resultado de la reorganización de los átomos, sin necesidad de un agente externo. Los átomos son eternos, pero no los objetos que los componen. Los libros tercero y cuarto se refieren al alma o espíritu, que es «delicada y está compuesta de partículas diminutas y elementos mucho más pequeños que el líquido que fluye del agua o la nube o el humo [...] puesto que la niebla y el humo se dispersan por el aire, creed que el espíritu también se dispersa y desaparece mucho más rápidamente, y se disuelve más rápidamente en los primeros cuerpos [átomos]». Lo importante es que el alma, como el cuerpo, es material.[10]

Lucrecio utilizó la misma palabra para mente, espíritu y alma: *animus* o *anima*. Defendía la materialidad de la mente/espíritu/alma porque la mente se desarrolla con el cuerpo. En los niños pequeños, dice Lucrecio, la mente es débil. Se fortalece a medida que crecen, y vuelve a decaer en la vejez, cuando el cuerpo «naufraga con la poderosa fuerza del tiempo».[11] El vínculo de la mente con el envejecimiento corporal es un argumento inusual y convincente a favor de la materialidad del alma/mente.

El quinto libro de *De rerum natura* explica el origen del mundo, los movimientos de los cuerpos celestes y la creación de la sociedad humana, todo ello en términos de átomos materiales. El último libro trata de diversos fenómenos naturales, como el trueno y el relámpago, también explicados en términos materiales, y termina de forma extraña y abrupta con un relato de la peste que asoló Grecia en el siglo V a. C.

Aunque el principal motivo de Lucrecio en su concepción materialista del mundo era eliminar el miedo a la muerte, su otra intención era liberar a la humanidad de los caprichos de los dioses. Como todo estaba hecho de átomos, y los átomos no podían crearse ni destruirse, el poder de los dioses estaba muy limitado. No podían hacer que las cosas aparecieran o desaparecieran de repente.

Si yo hubiera nacido hace dos mil años, el miedo a la muerte y a los caprichosos actos de los dioses habría estado sin duda en mi mente. Algunas de esas preocupaciones siguen vigentes hoy en día. Una encuesta del Pew Research Centre[12] indica que más de la mitad de los estadounidenses siguen creyendo en el Infierno como lugar donde los pecadores son castigados después de la muerte. El porcentaje puede ser mayor en todo el mundo. Por otra parte, la preocupación por la intervención divina en los asuntos humanos ha disminuido con el auge de las religiones monoteístas, como el cristianismo, el judaísmo y el islam.

Considero a Demócrito y Lucrecio pensadores críticos. Aunque no realizaban experimentos, consideraban el mundo físico como un dominio de reglas y validez consistente por sí misma, de forma parecida a como yo lo hacía con mis péndulos de niño. No se tragaban las creencias y las emisiones de su sociedad sin cuestionarlas. A través de sus hipótesis atómicas se interesaban por explicar las *causas* de las cosas, no solo sus atributos: todo lo que ocurre en el mundo tiene una causa, y esa causa se origina en el movimiento y las propiedades de los átomos físicos, no en los dioses.

En su énfasis en las causas y en una explicación mecánica del mundo, Lucrecio difería notablemente de Platón y Aristóteles, más preocupados por la finalidad que por la causa. Aristóteles enumeró cuatro causas necesarias (*aitia*) para que las cosas sucedan: el material inicial, una forma para este, un agente para provocar el cambio y un fin o propósito. Pero todos estos pasos estaban guiados por el propósito final, y la concepción en su conjunto era mucho más abstracta que los átomos de Lucrecio. Aunque parte de la ciencia de Lucrecio era errónea, su razonamiento, como el de Moses Mendelssohn casi dos mil años después, era completamente moderno en su sensibilidad. Lucrecio debe ser considerado no solo poeta y filósofo, sino también científico. Quería entender cómo funcionaba el mundo en términos de principios básicos.

Uno de los primeros materialistas del mundo asiático fue el meteorólogo y astrónomo chino Wang Ch'ung (27-97). En su libro *Lun Heng* ('Discursos pesados en la balanza'), Wang adopta una visión muy racional del mundo. Afirma que los truenos son calor, no mensajes de los dioses; que la creencia en fantasmas es errónea, y niega la existencia de una vida después de la muerte, escribiendo: «Las almas de los muertos se disuelven y ya no pueden oír lo que dicen los hombres».[13]

Me llama la atención la similitud entre el lenguaje de Wang («las almas de los muertos se disuelven») y las palabras de Lucrecio («el espíritu también se extingue y desaparece más rápidamente, y se disuelve a mayor velocidad en los primeros cuerpos»). Por supuesto, las palabras originales en chino y latín no eran idénticas, pero el concepto era el mismo. Tanto Lucrecio como Wang proclamaban que un cuerpo vivo tiene algún tipo de espíritu, pero ese espíritu es algo material, y se disuelve y dispersa al morir, mientras que con Platón, san Agustín y otros el espíritu/alma era una sustancia inmortal y etérea que mantenía algún tipo de identidad más allá de la muerte.

La creencia en fantasmas (inmateriales) estaba muy extendida en la antigua China, pero Wang dio un contraargumento lógico e ingenioso:

Desde la época en que el cielo y la tierra fueron puestos en orden y el reinado de los «Emperadores Humanos» descendió, la gente moría a su debido tiempo. Si suponemos que después de la muerte un hombre se convierte en fantasma, habría un fantasma en cada camino y a cada paso […] Llenarían las salas, abarrotarían los tribunales y bloquearían las calles y callejones.

Wang nació en una familia pobre del noreste de la provincia de Zhejiang. A falta de dinero para comprar libros, se dice que pasaba mucho tiempo leyendo en las librerías. Parece que desde muy joven se rebeló contra la autoridad. Tras pelearse con varias personas, renunció a su cargo de oficial de mérito y se exilió *motu proprio*, tiempo durante el cual compuso los diversos ensayos sobre filosofía, gobierno y moral que constituyen el *Lun Heng*. El pensamiento y la obra de Wang se centraban en el rechazo del taoísmo y el confucianismo, así como de las filosofías del Estado y su respaldo al poder divino. En particular, Wang no estaba de acuerdo con la idea de que los dioses controlaran a los seres humanos y tuvieran un propósito para nosotros. En este sentido, su pensamiento era similar al de Lucrecio. Ambos filósofos sostenían que una comprensión materialista y científica del mundo nos liberaría del poder de los dioses. Tal vez el cuestionamiento de la autoridad sea un requisito previo para el pensamiento crítico, sin duda en la Antigüedad y probablemente también hoy.

Otro capítulo de la historia temprana del materialismo se refiere a la explicación de la visión. El ojo es el portal más crítico para recibir información del mundo exterior. ¿Cómo es que vemos? En la antigua Grecia, y durante siglos después, hubo dos teorías opuestas sobre la visión: la teoría de la emisión de los pitagóricos —o del rayo visual— y la teoría de la *eidola* —o intromisionista— de los atomistas (Demócrito, Epicuro, Lucrecio). La escuela pitagórica, que incluía a personajes como Platón y Euclides, sostenía que la luz por la que vemos es un fuego divino, estrechamente relacionado con el alma inmaterial, que se origina en el cuerpo. El ojo es como una linterna. Ve el mundo exterior emitiendo rayos de luz, que viajan hasta los objetos, los iluminan y se reflejan de nuevo en el ojo. Por el contrario, los atomistas creían que la luz utilizada en la visión se origina fuera del ojo. Según esta teoría, todos los objetos emiten continuamente imágenes finas pero precisas de sí mismos, llamadas *eidola,* que viajan hasta el ojo y permiten la visión.

El físico egipcio Ibn al-Haytham (965-1040), pionero en el estudio de la luz, refutó definitivamente la teoría pitagórica de la visión. Según al-Haytham, la luz es una forma esencial (*sūra*) intrínseca a los cuerpos

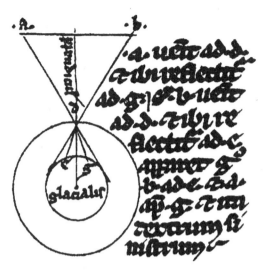

Diagrama de Al-Haytham extraído de la Teoría de la percepción visual de Alhacen (De aspectibus, vol. 2, trad. A. Mark Smith. Filadelfia: American Philosophical Society, 2001, p. 406).

autoluminosos. Con sus propios experimentos y matemáticas, el físico árabe elaboró una teoría de la trayectoria de los rayos luminosos, estableciendo una correspondencia uno a uno entre los puntos de un objeto externo y los puntos del interior del «humor cristalino» del ojo (el material que rellena el globo ocular, detrás de la pupila).

Al-Haytham calificó de «superflua» e «inútil» la hipótesis pitagórica de que la visión se logra mediante la luz que se origina en el ojo.[14] Como observó sensatamente, resulta absurdo pensar que la luz que emerge de los ojos de una persona pudiera iluminar todo el cielo en cuanto los abriera.

De forma sutil, al-Haytham avanzó en la visión materialista del mundo. El cuerpo, incluidos los ojos, podía tener varios espíritus internos, pero existía un mundo material más allá del cuerpo que creaba la luz con la que vemos. Y los dibujos ópticos de al-Haytham demuestran la mecánica de ese mundo externo, material. De este modo, reforzó la noción de que existe un mundo físico más allá del cuerpo y la mente, una afirmación con la que los filósofos no estuvieron unánimemente de acuerdo hasta el siglo XX. Por supuesto, lo único que conocemos directamente del mundo es a través de nuestra percepción sensorial y nuestros pensamientos. Esto es casi una tautología. Oímos sonidos, vemos imágenes, sentimos superficies, procesamos esas sensaciones en nuestro sistema nervioso e inferimos un mundo exterior. Pero afirmar además que el mundo es totalmente una fabricación mental —como proponen el obispo Berkeley y otros filósofos— no me parece en absoluto defendible. Si esa opinión fuera cierta, nunca nos sorprendería lo que encontramos en el mundo exterior; en cambio, nos sorprendemos constantemente. Galileo se asombró al ver cráteres en la Luna cuando observó por primera vez ese disco plateado con su telescopio casero. Todo el mundo pensaba que la Luna sería perfecta e inmaculada, como corresponde a un cuerpo celeste. Alexander Fleming se sorprendió cuando detectó bacterias muertas en sus placas de Petri tras dejarlas expuestas al aire libre en su mesa de laboratorio —el descubrimiento de los antibióticos—. No vamos como sonámbulos por la vida. Hay un mundo material más allá de nuestros cuerpos, hecho de rayos de luz, montañas y otros seres vivos.

Un antiguo debate en biología, que afecta directamente a la concepción materialista del mundo, ha sido la diferencia entre lo vivo y lo inerte. Se llama *vitalismo* contra *mecanicismo*. La escuela de pensamiento vitalista decreta que la transformación de la materia no viva en materia viva requiere alguna esencia no material o fuerza vital fuera de las leyes de la química, la biología y la física. Platón y Aristóteles eran vitalistas, al igual que Descartes.

Hasta mediados del siglo XX, algunos científicos destacados compartían también la visión vitalista. El influyente médico francés Paul-Joseph Barthez[15] (1734-1806) sostenía que había tres tipos distintos de sustancias: la materia *(la matière)*, la vida *(la vie)* y el alma *(l'âme)*. Barthez afirmaba que las leyes que rigen la materia no pueden aplicarse necesariamente al alma no material. Algo parecido afirmaba el distinguido químico sueco Jöns Jacob Berzelius (1779-1848). En la última edición de su *Lärobok i kemien* ('Libro de química'), considerado el texto químico más autorizado de la primera mitad del siglo XIX, escribió: «En la naturaleza viva, los elementos parecen obedecer leyes completamente distintas a las que obedecen en la muerta».[16]

Más o menos en la misma época en que Berzelius publicaba su libro de texto, Jean Antoine Chaptal (1756-1832), uno de los industriales químicos más importantes de su época, escribía que «la química, en su aplicación a los cuerpos vivos, puede considerarse como una ciencia que proporciona nuevos medios de observación [...] Pero evitemos entrometernos en el ámbito peculiar de la vitalidad. La afinidad química se mezcla allí con las leyes vitales que desafían el poder del arte».[17] Este breve pasaje revela muchas cosas. Lo más evidente es que Chaptal está de acuerdo con Barthez y Berzelius y otros vitalistas en que las leyes que rigen los seres vivos no pueden ser comprendidas por el «arte», que aquí significa 'ciencia'. Y lo que es más interesante, Chaptal dice que no deberíamos «entrometernos» en la «provincia de la vitalidad». La frase «provincia de la vitalidad» sugiere fuertemente la existencia de algún mundo etéreo fuera del alcance de la ciencia, más allá de la materialidad, un mundo en el que no deberíamos asumir que toda acción tiene una reacción igual y opuesta (como en el mundo newtoniano). El hecho de que no debamos «entrometernos» en un mundo así sugiere que existen áreas del conocimiento prohibidas para el hombre mortal. Me recuerda al pasaje del *Paraíso perdido* de Milton en el que Adán pregunta al ángel Rafael cómo funcionan los cielos. Para explicar la aparente rotación diaria de las estrellas, ¿son los cielos los que giran alrededor de una Tierra sedentaria, o es la Tierra la que se mueve? Rafael responde:

> Poco debe importarte para alcanzar este objetivo que el Cielo o la Tierra se muevan, con tal que seas exacto en tus cálculos. El gran Arquitecto ha obrado sabiamente en ocultar lo demás al Hombre o al Ángel; en no divulgar sus secretos para que los escudriñen aquellos que más bien deben admirarlos.[18]

El hecho de que debamos evitar tales intromisiones, o admirar en lugar de indagar, nos remite al pecado de Adán y Eva al comer del árbol del conocimiento. El comentario de Chaptal implica que el misterioso reino de la vitalidad, el reino de la fuerza vital, no solo no lo entendemos, sino que no deberíamos intentar entenderlo. El argumento es que la investigación y el conocimiento humanos tienen límites, más allá de los cuales no tenemos derecho a explorar. Tales nociones siguen vigentes en el mundo actual. Hace veinticinco años, cuando se clonó el primer animal, una oveja llamada Dolly, algunos comentaristas argumentaron que tal avance era un sacrilegio, seres humanos jugando a ser Dios.

En oposición al vitalismo está el mecanicismo, que sostiene que un cuerpo vivo no es más que otras tantas poleas y resortes biológicos y flujos químicos, sin necesidad de un espíritu metafísico. Por ejemplo, el biólogo Georges-Louis Leclerc, conde de Buffon (1707-1788), rechazó la creencia de Newton de que Dios podía y debía intervenir en el funcionamiento del mundo físico. En su *Théorie de la terre, preuves* ('Teoría de la tierra, pruebas'), Buffon escribió que «en física uno debe, en la medida de sus posibilidades, abstenerse de recurrir a causas ajenas a la Naturaleza».[19] Y en sus *Oeuvres philosophiques* ('Obras filosóficas') escribió que «la vida y la animación, en lugar de ser un punto metafísico del ser, son una propiedad física de la materia». A lo largo de la historia de la biología, el debate vitalismo-mecanismo ha ido y venido. La polémica se agudizó en el siglo XIX, de la mano de los científicos alemanes. En concreto, mientras se articulaba la ley moderna de la conservación de la energía en la década de 1840 (hablaremos más sobre esto en breve), los químicos Justus von Liebig y Julius Mayer propusieron de forma independiente que las necesidades energéticas de los animales se cubren únicamente mediante la descomposición química de los alimentos, sin que exista energía oculta proporcionada por alguna fuerza vital interna y etérea. Según los mecanicistas, un galope, un rechinar de dientes, un aliento caliente en una fría noche de invierno no podrían producirse sin la ingesta de alimentos. Igual que una pelota en terreno llano no podría empezar a rodar sin un empujón.

A finales del siglo XIX, el fisiólogo alemán Max Rubner (1854-1932) empezó a probar la hipótesis de Mayer y Liebig con más detalle cuantitativo. Rubner utilizó otros trabajos recientes de químicos y nutricionistas que habían medido la energía química almacenada en diversos alimentos. Cada gramo de grasa, hidrato de carbono y proteína tiene su equivalente energético. Rubner tabuló las energías necesarias para el calor corporal, las contracciones musculares y otras actividades físicas, y comparó el total con la energía química de los alimentos. A finales de siglo, llegó a la conclusión de que la energía utilizada por un ser vivo es igual a la energía consumida en los alimentos. En otras palabras, la ley de conservación de la energía de los físicos también es válida para la biología. No hay fuentes ocultas de energía, ni producción de energía de la nada. En los balances de energía, un ser vivo puede considerarse, en efecto, un contenedor de resortes en espiral, esferas en movimiento, pesos sobre voladizos y reacciones eléctricas.

Yo añadiría que la escuela vitalista en biología, una pieza de la visión no materialista del mundo, traza una nítida línea entre lo que es conocible por los seres humanos y lo que no lo es. Históricamente, lo incognoscible pertenece al ámbito exclusivo de Dios, o tal vez de los seres iluminados. Por el contrario, la visión mecanicista está asociada a la creencia de que solo hay un único tipo de sustancia en el cosmos, y que esa sustancia comprende tanto los seres vivos como los no vivos. Sin duda, los primeros tienen una disposición especial de sus átomos y moléculas que da lugar a la actividad que llamamos vida. Un pájaro es diferente a una piedra, pero desde el punto de vista de la biología moderna, todo es material.

Además, según el materialismo, los seres humanos pueden comprender la materia de la vida y de la no vida, incluidas todas las leyes a las que obedece esa materia. Ciertamente, ahora no conocemos completamente todas las leyes de la naturaleza, pero creemos que estas estarán a nuestro alcance en el futuro. Dicho esto, como sugeriré en los próximos capítulos, nuestros cuerpos puramente materiales son capaces de experiencias extraordinarias, como la conciencia y la espiritualidad.

En mi opinión, la comprensión más decisiva del mundo como material, y solo material, se ha logrado en la física. Una parte clave de esta comprensión es la noción de que el mundo es un lugar reglamentado, que sigue normas y relaciones de causa y efecto. Esa noción de reglamentación es parte de lo que me atrajo de Lucrecio hace medio siglo. Una de las primeras leyes cuantitativas de la naturaleza fue formulada por el científico y matemático griego Arquímedes (*c.* 287 a. C.— *c.* 212 a. C.). Al igual que Lucrecio, poco se sabe de la vida de Arquímedes, pero sí tenemos constancia de su ley de los cuerpos flotantes (*c.* 250 a. C.): cualquier objeto sólido menos denso que un fluido, cuando se coloca en el fluido,[20] se hunde hasta el nivel en el que el peso del fluido desplazado es igual al peso del objeto.

Podemos especular sobre cómo Arquímedes llegó a su ley. En aquella época existían balanzas para pesar mercancías en el mercado. El científico podría haber pesado primero un objeto, colocarlo después en un recipiente rectangular con agua y medir la elevación de esta. El área del recipiente multiplicada por la altura de la subida daría el volumen de agua desplazada. Finalmente, ese volumen de agua podía colocarse en otro recipiente y pesarse. Sin duda, Arquímedes realizó este ejercicio muchas veces con diferentes objetos antes de idear la ley. Probablemente, también realizó el experimento con otros líquidos, como el mercurio, para descubrir la generalidad de este precepto, que se aplica a todos los líquidos.

Más allá de su particularidad para los cuerpos que flotan en fluidos, la ley de Arquímedes sugería que el mundo natural seguía un comportamiento predecible; de nuevo la misma conclusión a la que yo llegaba de niño con mis péndulos. Siglos después, esta noción fue reafirmada por el físico italiano Galileo Galilei (1564-1642), considerado uno de los primeros científicos modernos, en su ley de la caída de los cuerpos:[21] la distancia que un cuerpo cae en la gravedad de la Tierra, o en cualquier aceleración constante, es proporcional al cuadrado del tiempo que tarda en caer esa distancia. Por ejemplo, si un cuerpo cae tres metros en un segundo, caerá tres metros en tres segundos. Las leyes matemáticas para los cuerpos flotantes y los objetos que caen formaban parte de una concepción cada vez más extendida del mundo natural como racional, lógico y reglado. En un mundo así, no habría lugar para fantasmas, almas y otras esencias etéreas.

En 1609, a la edad de cuarenta y cinco años, Galileo oyó hablar de un nuevo dispositivo de aumento recién inventado en los Países Bajos. Sin llegar a ver esa maravilla, rápidamente diseñó y construyó él mismo un telescopio varias veces más potente que el modelo holandés. Parece ser que fue el primer ser humano que apuntó al cielo nocturno (los telescopios de Holanda se llamaban

El telescopio de Galileo. Crédito: Science Museum Group.

literalmente *anteojos espía*, lo que permite especular sobre los usos que les daban).

Hace poco vi uno de los telescopios originales de Galileo en el Museo Galileo de Florencia (Italia). Es un aparato extraordinariamente sencillo, que consiste en un tubo marrón rojizo de unos cuarenta centímetros de largo, un ocular en un extremo y una lente en el otro. Está hecho de madera, papel y alambre de cobre. Cuando me asomé a una réplica exacta, me sorprendió lo pequeño que era el campo de visión, aproximadamente la mitad de la anchura de la Luna, y apenas podía distinguir lo que estaba mirando. Las imágenes eran oscuras y tenues, debido a la escasa cantidad de luz que entraba por la lente y bajaba por el tubo. Evidentemente, Galileo tuvo que dejar que sus ojos se adaptaran a una luz muy escasa.

Lo que el astrónomo italiano vio con su telescopio fueron rasgos dentados en la superficie de la Luna y

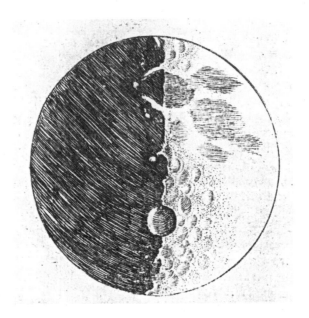

Dibujo de Galileo de la Luna. Galileo Galilei,
Sidereus nuncius, trad. Albert Van Helden
(Chicago: University of Chicago Press, 1989, p. 44).

manchas transitorias en el Sol (que ahora se sabe que
son zonas relativamente frías producidas por el caótico
campo magnético de esta estrella).

En su breve libro *Sidereus nuncius* ('Mensajero estrellado'), Galileo expone sus propios dibujos a pluma y
tinta de la Luna vista a través de su telescopio, mostrando
zonas oscuras y claras, valles y colinas, cráteres, crestas,
montañas. Incluso calcula la altura de las montañas lu-
nares por la longitud de sus sombras.

Cuando observó la línea divisoria entre la luz y la
oscuridad en la Luna, el llamado terminador, no era
una curva suave, como cabría esperar en la esfera perfecta de devoción teológica, sino una línea irregular y
dentada. «Cualquiera comprenderá entonces», escribe
Galileo, «con la certeza de los sentidos, que la Luna no

está dotada en absoluto de una superficie lisa y pulida, sino que es áspera y desigual y, al igual que la propia faz de la Tierra, abarrotada por todas partes de vastas prominencias, profundos abismos y sinuosidades».[22] Y en una carta del 12 de mayo de 1612 al científico italiano Federico Cesi, Galileo escribió sobre su observación de manchas oscuras en el Sol, llamadas *manchas solares*. Galileo continuó transmitiendo su desdén por los filósofos y teólogos de sillón: «Espero oír decir grandes cosas a los peripatéticos [escuela fundada por Aristóteles] para sostener la inmutabilidad de los cielos».[23]

Estas observaciones y comentarios de Galileo pusieron en tela de juicio la idea predominante de que los cielos y los cuerpos celestes estaban compuestos de una sustancia divina indestructible, como el alma inmaterial. Esa sustancia divina,[24] a veces llamada *éter, aither, cuerpo primario* o *quinto elemento*, fue descrita por Aristóteles como «eterna, que no sufre ni crecimiento ni disminución, sino que no tiene edad, es inalterable e impasible». De hecho, la palabra *etéreo* deriva de la palabra griega para éter, *aitheras*. De las observaciones de Galileo a la conclusión de que los cielos, las lunas, los planetas y las estrellas están hechos de la misma materia que la Tierra no hay más que un salto. Los cielos no son celestiales. Vivimos en un cosmos material.

La obra de Isaac Newton (1643-1727) debe considerarse sin duda un hito en el concepto emergente de un universo regido por leyes. La ley de la gravedad de Newton no solo fue una de las primeras expresiones matemáticas de una fuerza fundamental subyacente al movimiento de los cuerpos. También fue la primera propuesta de que una regla para el comportamiento de los cuerpos

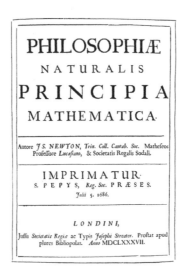

Portada de la edición inglesa de *Principios matemáticos de la filosofía natural* de Newton (*Principia* [1729], Berkeley: University of California Press, 1934, p. xii).

materiales en la Tierra debía aplicarse también en los cielos, es decir, la primera comprensión real de la universalidad de una ley de la naturaleza. Parte de la brillantez de Newton consistió en reconocer que la misma fuerza que hacía que una manzana cayera de un árbol también hacía que la Luna orbitara alrededor de la Tierra.

Su ley de la gravedad puede exponerse de la siguiente manera: la fuerza gravitatoria entre dos masas se duplica cuando cualquiera de estas dos masas se duplica y se cuadruplica cuando la distancia entre ellas se reduce a la mitad. La ley de Newton explicaba con detalle cuantitativo los movimientos de los planetas: las formas elípticas de sus órbitas, las velocidades y su variación, y mucho más. Las leyes del movimiento y de la gravedad de Newton supusieron un paso de gigante en nuestra comprensión del cosmos y de las leyes naturales que rigen su comportamiento. El físico Richard Feynman, ganador del

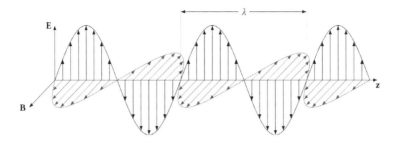

Onda electromagnética, Wikimedia Commons,
P. wormerce BY-SA 3.0.

Premio Nobel en el siglo XX, se maravilló de que la naturaleza pudiera obedecer a «una ley tan elegante y sencilla como esta ley de la gravitación».[25]

Newton dilucidó la naturaleza de la fuerza gravitatoria. En 1865, el físico escocés James Clerk Maxwell (1831-1879) hizo lo mismo con la fuerza electromagnética. Maxwell y otros antes que él demostraron cómo la electricidad podía crear magnetismo y viceversa, de modo que ambas eran en realidad parte de un mismo fenómeno, como el famoso dibujo que parece ser una anciana o una joven, según se mire. El científico escocés publicó un grupo conectado de cuatro ecuaciones, ahora conocidas por todos los estudiantes de física como «ecuaciones de Maxwell», que explicaban completamente el comportamiento del campo de energía electromagnética.

Una de las predicciones de las ecuaciones de Maxwell era la existencia de ondas oscilatorias de energía eléctrica y magnética que viajan por el espacio a la velocidad de la luz (de hecho, la luz visible es una onda de este tipo.) A partir de 1886, el físico alemán Heinrich Hertz (1857-1894) comenzó a construir equipos que generaban y detectaban ondas de radio, que son ondas electromagnéticas de menor frecuencia que las de luz visibles. Estos trabajos confirmaron la existencia de las ondas electromagnéticas de Maxwell.

La energía es lo que mueve el mundo. Nunca se insistirá lo suficiente en la importancia del descubrimiento de las ondas electromagnéticas y su comprensión cuantitativa a través de las ecuaciones de Maxwell. El alma inmaterial, la fuerza vital de los seres vivos y, de hecho, todo el mundo etéreo, se han asociado a menudo con algún tipo de energía no física, no analizable por la ciencia. En las décadas anteriores a Maxwell, los físicos comprendían cada vez mejor el concepto de energía y cómo las distintas formas de energía podían convertirse unas en otras: un libro que cae de una estantería se mueve cada vez más rápido a medida que se acerca al suelo, convirtiendo evidentemente algún tipo de energía asociada a su altura (energía gravitatoria) en energía de velocidad (energía cinética). Un gas caliente puede empujar contra un pistón y levantar un ladrillo a medida que el gas se enfría, convirtiendo evidentemente algún tipo de energía asociada al calor en la energía gravitatoria incrementada de un peso elevado. Lo que Maxwell y Hertz descubrieron fue que la energía podía realmente moverse a través del espacio, yendo de un lugar a otro. No solo eso, sino que podía localizarse y cuantificarse. Así pues, la energía, lo que impulsaba el cosmos, no era una esencia misteriosa que aparecía a su antojo, sin regla ni razón. Obedecía a leyes. Se sometía a causas y efectos. La energía forma parte del mundo material.

La idea de que la energía no puede crearse ni destruirse es crucial para comprenderla. Aunque un tipo de energía puede convertirse en otro, la cantidad total de energía en una caja cerrada es constante. Llamamos a esta idea «conservación de la energía». Es una de las vacas sagradas de la ciencia. Que la cantidad total de energía en una región aislada sea constante se remonta a las ideas de Demócrito y Lucrecio de que los átomos son indestructibles. Los átomos no pueden crearse ni destruirse, por lo que el número total de átomos en una caja cerrada es constante.

Históricamente, el calor ha desempeñado un papel crucial en la formulación de la idea de la conservación de la energía. La energía gravitatoria y la energía cinética (energía del movimiento) están claramente relacionadas, ya que cualquier objeto que cae coge velocidad al acercarse a la superficie de la Tierra. En cambio, la conversión entre estas formas de energía y la térmica no es tan evidente. El calor consiste en los movimientos aleatorios de partículas microscópicas y no es visible a simple vista. La comprensión en el siglo XIX de que el calor era una forma de energía, capaz de transformarse en otras según una contabilidad estricta, condujo gradualmente a los científicos a la noción de conservación de la energía total.

El físico y médico alemán Julius Robert Mayer (1814-1878) fue el primero en proponer la equivalencia de todas las formas de energía, incluido el calor, y la conservación de la energía total. Cabe preguntarse cómo un médico descubrió el equivalente energético del calor.

Es una historia fascinante. Mayer, nacido en Heilbronn, asistió allí a la escuela clásica de gimnasia, pasó al seminario de teología evangélica de Schöntal y se matriculó en la Facultad de Medicina de la Universidad de

Tubinga. Allí se doctoró en medicina con distinción en 1838. A principios de 1840, Mayer, de veinticinco años, embarcó en un mercante holandés rumbo a las Indias Orientales, donde ejerció de médico. Entonces, en Java, mientras extraía sangre a los marineros (a saber para qué tratamiento médico), Mayer quedó sorprendido e impresionado por el enrojecimiento de su sangre. Razonó correctamente que el calor de los trópicos permitía una menor tasa de combustión metabólica para preservar el calor corporal y, por tanto, requería menos oxígeno de los glóbulos rojos, lo que explicaba su inusual enrojecimiento. Ya se sabía que el oxígeno se combinaba químicamente con los alimentos para producir energía. Mayer llegó a la conclusión de que la energía química estaba relacionada con el calor animal y que la conversión entre ambos podía expresarse cuantitativamente, y posteriormente generalizó la equivalencia de todas las formas de energía. En su ensayo pionero publicado en *Annalen der Chemie und Pharmacie* en 1842, Mayer escribe:

> Las fuerzas son causas [...] En innumerables casos vemos cesar el movimiento sin haber causado otro movimiento o el levantamiento de un peso; pero una fuerza una vez existente no puede ser aniquilada, solo puede cambiar de forma [...] Si, por ejemplo, frotamos dos placas de metal, vemos desaparecer el movimiento, y el calor, por el contrario, hace su aparición [...] Desde este punto de vista nos conducimos muy fácilmente a las ecuaciones entre fuerza descendente, movimiento y calor.[26]

Aunque Mayer utiliza la palabra *fuerza*, en realidad se refiere a lo que los físicos llaman ahora *energía*, que es la fuerza que actúa a distancia.

Una vez que los científicos hubieron concebido el concepto de conservación de la energía, pudieron realizar un experimento de calibración en el que midieron cuánta energía calorífica producía la caída de un cierto peso a una cierta distancia. Así se establecería una medida cuantitativa de la energía calorífica y su equivalencia con una cierta cantidad de energía gravitatoria. Lo mismo podría hacerse en un experimento de calibración para ver a qué velocidad se movía una masa tras caer una cierta distancia, estableciendo una medida cuantitativa de la energía cinética y su equivalencia con una cierta cantidad de energía gravitatoria. Pero solo se trataba de calibraciones. Tras estas investigaciones iniciales, los físicos podrían haber descubierto que otros experimentos arrojaban resultados muy diversos en cuanto a la cantidad de energía calorífica generada por una determinada cantidad de energía cinética o gravitatoria, violando así cualquier noción de ley general de conservación de la energía. Sin embargo, no fue el caso. Lo que los físicos descubrieron en realidad fue que, tras establecer la equivalencia de las distintas formas de energía en los experimentos de calibración, esas equivalencias siempre se aplicaban en experimentos futuros. Con las equivalencias adecuadas entre las distintas formas de energía, la energía total en un sistema cerrado era constante. La conservación de la energía es, evidentemente, una ley de la naturaleza. La energía puede cambiar de forma, pero el total no puede aumentar ni disminuir.

En el siglo XX hemos descubierto y cuantificado otras dos fuerzas de la naturaleza, la llamada fuerza fuerte, responsable de mantener unido el núcleo atómico, y la fuerza débil, responsable de la desintegración de ciertas partículas subatómicas. En todos estos desarrollos más modernos se ha mantenido la ley de conservación de la energía. Forma parte del gran cuerpo de conocimientos de la física moderna que me ha convencido, y a mucha gente en todo el mundo, de que la naturaleza es reglamental. En los millones de experimentos y sondeos del mundo físico, los científicos modernos no han encontrado ninguna fuerza o fenómeno misterioso que no cediera finalmente a una explicación racional. A veces, hemos tenido que revisar nuestros conocimientos y teorías basándonos en nuevas observaciones y consideraciones, como ocurrió en el siglo XX con la relatividad y la mecánica cuántica, pero las teorías revisadas siempre han sido coherentes con la ley de la conservación de la energía y, más en general, con una comprensión material, basada en reglas de la naturaleza.

Incluso como estudiante universitario, apreciaba a Lucrecio por algo más que su teoría atómica del mundo. Le preocupaban las personas. Para empezar, su principal motivo para apoyar la hipótesis atómica, como la de Epicuro, era aliviar el temor a la muerte de sus semejantes. «Si los hombres vieran que se ha puesto un límite a la tribulación, de algún modo tendrían fuerzas para desafiar las supersticiones y las amenazas de los sacerdotes».[27] Hoy en día, con la medicina moderna y creencias más sofisticadas sobre el Cielo y el Infierno, es difícil imaginar el trauma psicológico de tal pavor en una época en la que la muerte llegaba de forma temprana e inesperada y muchas personas se enfrentaban a la posibilidad de una tortura y un dolor interminables en una vida después de la muerte. Al igual que Epicuro, Lucrecio también se ocupaba de cuestiones filosóficas profundas, como la cuestión de si las decisiones y acciones que tomamos son de nuestra propia elección o, por el contrario, ya están determinadas por el movimiento inevitable de los átomos, obedeciendo sin pensar a relaciones de causa y efecto que se remontan a un pasado lejano. Si el átomo A choca con el átomo B, el átomo B chocará con el átomo C, y así sucesivamente. En otras palabras, ¿somos simples robots? Para concedernos la libertad de elección, Lucrecio propuso que los átomos, mientras se mueven hacia abajo a través del vacío, son «a veces bastante inciertos, y los lugares inciertos, se desvían un poco de su curso [...] como para romper los decretos del destino, para que la causa no puede derivar del infinito, de donde viene este libre albedrío en las criaturas vivientes».[28]

Lucrecio también tenía la hermosa idea —y científicamente correcta— de que nuestros átomos fueron una vez parte de otras personas que vivieron antes que nosotros, aunque no tengamos memoria de esas disposiciones ancestrales de átomos. Para mí, la idea de que nuestros átomos fueron una vez parte de otras personas y volverán a ser parte de otras personas después de nuestra muerte proporciona una conexión significativa entre nosotros y el resto de la humanidad, futura y pasada.

En su pensamiento, Lucrecio no solo tenía en cuenta a sus semejantes de la Tierra. Tenía una visión cósmica de la vida. Lucrecio fue uno de los primeros filósofos en postular la probable existencia de vida en otros lugares del cosmos: «Cuando la materia abundante esté lista, cuando el espacio esté a mano [...] entonces estarás obligado a confesar que hay otros mundos en otras regiones y diferentes razas de hombres y generaciones de bestias salvajes».[29] La idea de seres vivos en otros planetas, denominada pluralismo cósmico, fue suprimida por la doctrina cristiana durante cientos de años, pero luego renovada en la época medieval por pensadores islámicos como Muhammad al-Baqir (676-733) y más tarde en el mundo cristiano por Giordano Bruno (1548-1600).

Una gran diferencia entre materialistas y no materialistas radica en su actitud ante la muerte. Nuestra ineludible muerte puede ser el hecho más poderoso de nuestra breve existencia en este extraño cosmos en el que nos encontramos. De hecho, se podría argumentar que gran parte de nuestro pensamiento, nuestra visión del mundo, nuestra expresión artística y nuestras creencias religiosas implican aceptar este hecho fundamental. Así lo afirma el antropólogo cultural Ernest Becker en su libro *La negación de la muerte* (1973), donde afirma que toda nuestra civilización es un mecanismo de defensa contra la certeza de nuestra muerte inevitable.

Me parece fascinante que tanto los materialistas como los no materialistas se hayan sentido motivados por este mismo hecho elemental y, sin embargo, propongan estrategias psicológicas muy distintas para afrontarlo. Los no materialistas, como Sócrates y san Agustín, sostienen que no debemos temer a la muerte. En realidad, deberíamos darle la bienvenida, porque nuestra alma inmortal e inmaterial disfrutará de una existencia bendita para siempre (si hacemos el bien). En el *Fedón* de Platón, justo antes de que Sócrates beba la cicuta, dice a sus discípulos: «No me aflijo como podría haberlo hecho, pues tengo la buena esperanza de que aún quede algo para los muertos y, como se ha dicho desde antiguo, algo mucho mejor para los buenos que para los malos».[30] Y en su libro *La Trinidad*, Agustín escribe: «Como, por tanto, todos los hombres [desean] ser bienaventurados, si [desean] de verdad, [desean] también ser inmortales; pues de otro modo no podrían ser bienaventurados».[31] La creencia en algún tipo de vida después de la muerte como defensa contra ella no parece haberse diluido mucho con los avances de la ciencia. Como se mencionó en el último capítulo, aún hoy, el 72 % de los estadounidenses creen en el Cielo, un lugar «donde las personas que han llevado una buena vida son eternamente recompensadas».

Por el contrario, como hemos visto, los materialistas Epicuro y Lucrecio sostienen que no debemos temer a la muerte, porque al morir nos disolvemos. Después de la muerte, no existimos de ninguna forma. Cuando somos la nada, no hay nada que temer.

Impulsados por el mismo hecho profundo de nuestra muerte inevitable, los materialistas y los no materialistas han desarrollado medios totalmente distintos de eliminar el miedo a ella, de acuerdo con sus diferentes visiones del mundo. ¿Qué hay detrás de esas diferencias de cosmovisión? Una hipótesis sencilla es que las personas que adoptan una visión del mundo en gran medida científica son materialistas, mientras que las demás no lo son. Aunque algunas de las afirmaciones de Lucrecio sobre el mundo natural eran erróneas —por ejemplo, sostenía que la Tierra era plana en lugar de redonda—, su pensamiento era científico. Buscaba explicaciones físicas para todos los fenómenos del mundo. La característica básica de la ciencia de Lucrecio y Epicuro es que todas las cosas están hechas de átomos físicos, y solamente átomos, y esa característica excluye la vida después de la muerte (y cualquier temor a la vida después de la muerte).

Sin embargo, esta hipótesis para distinguir a los materialistas de los no materialistas no puede ser del todo correcta. Como ya se ha comentado, algunos científicos destacados hasta el siglo XX, como Paul-Joseph Barthez y Jean Antoine Chaptal, sostenían que los seres vivos poseen alguna esencia no material que no se encuentra en los seres inanimados. Y una encuesta relativamente reciente realizada por la Universidad de Chicago[32] reveló que el 58 % de los médicos de Estados Unidos creen en algún tipo de vida después de la muerte (que requiere una existencia no material). Aunque ese porcentaje es algo inferior al del público en general, sigue siendo bastante elevado.

Así pues, las razones que subyacen a una visión materialista del mundo frente a una no materialista deben ser más complejas que la simple presencia o ausencia de pensamiento científico. En lugar de intentar una explicación completa de estas divisiones, volveré a explorar algunos de los pensamientos y deseos que subyacen al no materialismo, pensamientos y deseos que todos experimentamos en mayor o menor grado; evidentemente, tienen menos peso para los materialistas. El primero es el profundo deseo de permanencia, en contra de todas las evidencias que nos presenta la naturaleza. Todo lo que vemos a nuestro alrededor en el mundo natural acaba por desaparecer. En los meses de verano, las moscas de mayo caen por miles de millones a las veinticuatro horas de nacer. Los bosques arden, se regeneran y vuelven a desaparecer. Los antiguos templos y torres de piedra se desmenuzan en el aire salino, se fracturan y se fragmentan. Y basta con mirar nuestros propios cuerpos. A partir de la mediana edad, la piel se descuelga y se agrieta, la vista se desvanece, la audición disminuye, los huesos se encogen y se vuelven quebradizos. Personalmente, en la última década mi estatura ha disminuido más de dos centímetros (el mundo natural nos grita que todo es temporal).

Sin embargo, anhelamos algo que resista, que perdure más allá de las arenas movedizas del accidente y la mortalidad. Asociamos permanencia con *significado*. Como dice Becker, nuestro arte, nuestras religiones, nuestros Estados-nación son todos intentos de crear algo que dure, y atribuimos significado a las cosas que lo hacen. También asociamos la permanencia con la divinidad y la perfección. Nos damos cuenta fácilmente de que somos cosas imperfectas hechas de arcilla (o átomos), pero aspiramos a la perfección. La perfección es una idea fabricada, nada de lo que vemos a nuestro alrededor es perfecto. De hecho, se necesita una mente humana para concebirla, del mismo modo que se necesita una mente humana para calificar algo de bello. Los conceptos de Dios y otros seres divinos forman parte de la perfección que imaginamos y buscamos. Si todo lo material es efímero, según este razonamiento, debe haber algo no material para la permanencia y sus cualidades asociadas de perfección y divinidad.

La segunda es la incapacidad de imaginar la nada. Los materialistas nos dicen que hay un momento en el tiempo en el que dejaremos de existir, de forma infinita en el futuro. ¿Cómo puede alguien imaginar algo así? No podemos imaginar la no existencia antes de nacer, y no podemos imaginar la no existencia después de morir. Nos cuesta creer que esta sensación espectacular y única que llamamos conciencia —nuestros pensamientos y sensaciones, nuestro olor a canela o nuestro tacto con la superficie aterciopelada del musgo— llegue algún día a su fin. La experiencia de ser parece demasiado grandiosa como para limitarse a cuatro decenas de años o a nuestros endebles recipientes de tendones, masa ósea y sangre.

Un tercer factor, sugiero, es la naturaleza especial de los seres vivos. Los seres vivos no se comportan como los no vivos. Las rocas no crecen ni se reproducen. Las burbujas de jabón no evolucionan para sobrevivir a días calurosos o vientos tempestuosos. Está claro que los seres vivos tienen una serie de propiedades especiales que llevaron a vitalistas como Aristóteles, Descartes y Berzelius a concluir que poseen alguna sustancia no material fuera de los límites de la física, la química y la biología. Dicho esto, prácticamente todos los biólogos actuales son mecanicistas. Hace unos años visité el laboratorio del biólogo de Harvard y premio nobel Jack Szostak, que está intentando crear una célula viva a partir de cero, en concreto, a partir de las moléculas simples presentes en la Tierra primitiva. Szostak me dijo: «Espero que, cuando lo consigamos, acabe calando en la cultura que la creación de vida es totalmente natural, y que no necesitamos invocar nada mágico o sobrenatural».[33] Mi estimación es que, tanto si Szostak y sus colegas consiguen crear vida de la nada como si no, mucha gente en todo el mundo seguirá creyendo en algún tipo de esencia no material o espíritu vital presente en los seres vivos. Por ejemplo, la creencia en el *qi* o *chi*, la fuerza vital que supuestamente recorre nuestros cuerpos, y todas las diversas prácticas basadas en el chi forman parte de una visión vitalista del mundo.

Por último, como ya se ha dicho en el anterior capítulo, nos hipnotizan y deleitan la magia y los milagros, fenómenos que van más allá del mundo de las apariencias. En ese mundo etéreo viven espíritus, esencias vitales y almas inmortales. Los jeroglíficos grabados en las paredes del templo de Unis, en el antiguo Egipto, eran conjuros mágicos para ayudar al faraón muerto a ascender al Cielo. Incluso hoy en día, según el Pew Research Center,[34] el 79 % de los estadounidenses creen en los milagros, acontecimientos que escapan a la ley natural y a cualquier explicación de la ciencia. No solo la división del mar Rojo o la resurrección de Jesús o la división de la Luna por Mahoma, sino fenómenos sobrenaturales del mundo actual, como fantasmas, voces de los muertos, instrucciones de Dios, profecías verosímiles, recuperaciones repentinas de enfermedades graves, telequinesia, reencarnación y mucho más. Ross Peterson, psiquiatra que ejerce en la zona de Boston, me dijo: «Queremos milagros como solución a la impotencia. Queremos milagros para encontrar un significado a un nivel más profundo. Los milagros nos sacan de una vida monótona».[35]

Por todas estas razones, la creencia en un mundo etéreo, no material, es profundamente atractiva y resuena con muchas de nuestras necesidades y deseos psicológicos. Los materialistas entre nosotros probablemente deban tener algunas experiencias particulares —como mis actividades infantiles con péndulos y bioluminiscencia, o la fuerte influencia de un padre o profesor, o un escepticismo pragmático natural, o una decepción ante las anheladas dádivas del mundo etéreo— para llegar a nuestro punto de vista materialista.

De vez en cuando, después de la universidad, he releído *De rerum natura*. A medida que he ido aprendiendo más ciencia, he llegado a apreciar mejor el significado y la aplicación generalizados de la hipótesis atómica. Hace tiempo extravié mi ejemplar original del libro, pero lo sustituí por una edición publicada en 1982 por Harvard University Press. Es un pequeño ejemplar rojo del tamaño de una mano. Está en mi estantería junto a otros libros de la colección Loeb Classical Library, con Boecio, Catulo, Eurípides y Agustín. Junto a estos libros hay otros más ligeros: los poemas de Emily Dickinson, varias novelas románticas de ciencia ficción de Edgar Rice Burroughs ambientadas en Marte, las memorias de Michael Ondaatje, *La señora Dalloway* de Virginia Woolf, *El carácter de la ley física* de Feynman, *Cartas a un joven poeta* de Rilke. Tanto como la ciencia, aprecio cada vez más la dimensión profundamente humana de *De rerum natura*, por encima y más allá de los cimientos de los átomos materiales. Aunque sabemos poco de la vida de Lucrecio, sí sabemos lo que valoraba, como muestra su poema. Y esa obra maestra demuestra que abrazaba muchas de las ideas y sentimientos que yo asocio con la espiritualidad. Sin duda, valoraba la felicidad de los demás, que intentaba aumentar con su argumentación razonada contra el miedo a la muerte. Valoraba la amistad, como demuestra la forma en que se dirigió a Memio: «Es tu mérito, y el esperado deleite de tu agradable amistad, lo que me persuade a someterme a cualquier trabajo».[36] Valoraba llevar una vida buena y moral: «Tan triviales son los rastros de diferentes naturalezas que permanecen [en las personas] [...] que nada impide que vivamos una vida digna de los dioses».[37] Tenía sensibilidad para la belleza, como muestra este pasaje:

> Las imágenes brillantes de los jóvenes alrededor de la casa [...] travesaños revestidos y bañados en oro hacen resonar la lira, cuando todos juntos se esparcen en grupos sobre la suave hierba junto a un arroyo de agua bajo las ramas de un alto árbol, los hombres se refrescan alegremente sin mucho esfuerzo, especialmente cuando el tiempo sonríe, y la estación del año salpica de flores la verde hierba.[38]

Y esta expresión de asombro: «Tan pronto como el brillo del agua se pone al aire libre bajo un cielo estrellado, al instante las serenas constelaciones del firmamento responden titilando en el agua».[39] Como yo, Lucrecio era un materialista espiritual.

3

LAS NEURONAS Y YO

El surgimiento de la conciencia
en el cerebro material

Su amor por los perros puede haber sido el comienzo del interés de Christof Koch por la conciencia. «He querido saber sobre los perros desde mi infancia»,[1] dijo en una entrevista hace unos años. «Crecí en una familia católica devota, y le pregunté a mi padre y luego a mi cura: "¿Por qué los perros no van al cielo?" […] Son como nosotros en ciertos aspectos. No hablan, pero obviamente tienen emociones fuertes de amor y miedo, odio y excitación, de felicidad».

El Dr. Koch, ahora científico jefe del Allen Institute for Brain Science de Seattle tras casi tres décadas como profesor de ciencia cognitiva en Caltech, es uno de los líderes mundiales en el estudio de la base material de la conciencia. Koch cree que la conciencia es abundante.

«Está mucho más extendida de lo que pensamos en la naturaleza»,[2] afirma. De hecho, Koch y sus colaboradores en ciencias de la información creen que algún día las máquinas no biológicas serán conscientes.

La gran pregunta que se nos plantea es: ¿cómo pueden surgir experiencias trascendentes de un cerebro material? Desde mi punto de vista, tales experiencias, y otras que he agrupado bajo la rúbrica de «espiritualidad», surgen naturalmente de un alto nivel de conciencia e inteligencia. En este capítulo consideraré la forma en que esa conciencia podría surgir de un cerebro material. Parte de esta exploración es un estudio de la asociación entre la conciencia y las neuronas físicas del cerebro. Parte es conectar las manifestaciones conductuales de la consciencia con las estructuras materiales del cerebro, una conexión particularmente evidente cuando el cerebro está dañado. Parte es mostrar un continuo de tales manifestaciones de conciencia a través del mundo animal, desde los organismos unicelulares (claramente no conscientes) hasta los roedores, pasando por los chimpancés y los humanos. Otra parte es un intento de identificar un grupo de cualidades necesarias para la conciencia y preguntarse qué tipos de sistemas materiales (vivos o no) podrían poseer esas cualidades. Y por último examinaré los fenómenos emergentes —comportamiento colectivo de sistemas complejos no presentes o comprensibles en sus partes individuales— y consideraré la conciencia en el cerebro como un fenómeno de este tipo.

Aquí me centraré en el cerebro, pero, como han argumentado el neurocientífico Antonio Damasio y otros, es probable que la conciencia implique a todo el sistema nervioso y su integración con todo el cuerpo.

Sea cual sea la definición de conciencia, probablemente se trate de un fenómeno graduado. Abarca desde las respuestas automáticas al entorno circundante, en el extremo inferior, hasta la autoconciencia, el ego y la capacidad de planificar el futuro, en el extremo superior. Es posible que las amebas no sean conscientes de ninguna manera significativa, mientras que los cuervos, los delfines y los perros casi seguro que sí lo son. Intentaré distinguir entre estos distintos niveles de conciencia, pero a veces utilizaré la palabra *conciencia* de forma más genérica.

Permitidme reconocer de entrada que el nivel más alto de este fenómeno único, la experiencia humana primigenia que llamamos conciencia —la participación en primera persona en el mundo; la conciencia de uno mismo; el sentimiento de «yoidad»; la sensación de ser una entidad separada en el mundo; la recepción y el testimonio simultáneos de imágenes visuales, sonido, tacto, memoria, pensamiento; la capacidad de concebir el futuro y planificar ese futuro—, es tan única, tan difícil de describir, tan diferente de las experiencias con el mundo fuera de nuestros cuerpos, que puede que nunca seamos capaces de captarla plenamente con la investigación cerebral. Puede que nunca seamos capaces de mostrar paso a paso cómo surge ese nivel superior de conciencia a partir de las neuronas y sinapsis del cerebro material. Esto no quiere decir que tal emergencia no se produzca. Puede que seamos capaces de demostrar que los sentimientos y atributos que llamamos consciencia son generados por estructuras materiales del cerebro, sin que seamos capaces de rellenar todos los espacios en blanco.

Como ya he dicho, soy materialista. Como casi todos los biólogos modernos, creo que la conciencia y todas las experiencias mentales son sensaciones producidas por las sustancias químicas y las corrientes eléctricas del cerebro. Pero quizá nunca podamos cruzar la línea divisoria entre primera y tercera persona. La experiencia de la conciencia, al menos en sus niveles superiores, es la subjetiva en primera persona por excelencia. El análisis de algo menos de quinientos gramos de neuronas sentadas en la mesa del laboratorio, el sondeo de ese cerebro con instrumentos, la medición de sus temblores eléctricos, la escritura de ecuaciones para describirlo o incluso el mero hecho de hablar de él como una *cosa*, son todas actividades en tercera persona. No podemos estar dentro y fuera de la caja al mismo tiempo. Por supuesto, en cierto sentido siempre estamos dentro de la caja de nuestras propias mentes, ya que no podemos experimentar el mundo más que a través de nuestros cerebros individuales.

En su famoso artículo de 1974 «What Is Like to Be a Bat?» ('¿Cómo sería ser un murciélago?'), el filósofo estadounidense Thomas Nagel define la conciencia de tal manera que subraya la casi imposibilidad de cruzar la división primera-persona/tercera-persona: «Fundamentalmente, un organismo tiene estados mentales conscientes si, y solo si, hay algo que es como *ser* ese organismo [...] Podemos llamar a esto el carácter subjetivo de la experiencia».[3] ¿Cómo podemos sentir lo que siente un murciélago o lo que siente un perro o incluso otro ser humano? En palabras del neurocientífico y filósofo finlandés Antti Revonsuo: «Nada de lo que podamos pensar o imaginar podría hacer que un proceso físico objetivo "segregara" o se convirtiera en algo subjetivo, en "sensaciones" cualitativas [...] A lo máximo que podemos llegar es a una teoría que afirme que sí, que la conciencia emerge del cerebro, y luego simplemente enumerar todas las correlaciones entre estas dos realidades: cuando se produce una actividad cerebral de tipo Z, entonces surge una experiencia consciente de tipo Q, y así sucesivamente».[4]

Algunos estudiosos sostienen que no es simplemente la división primera persona o tercera persona lo que nos impide para siempre comprender el surgimiento de la conciencia. Se trata de una limitación física de nuestra capacidad cognitiva. En su libro *The Mysterious Flame* ('La llama misteriosa'), el filósofo británico Colin McGinn postula que existe alguna «estructura oculta» de la conciencia que no comprendemos en absoluto. McGinn afirma que la conciencia es una experiencia que está fundamentalmente más allá de la capacidad de comprensión de la mente humana: «Lo que, en efecto, hemos descubierto a lo largo de los siglos es que ciertos problemas están al alcance de nuestras facultades cognitivas, mientras que otros no».[5] McGinn, que casi con toda seguridad es materialista, afirma que «nuestra inteligencia está mal diseñada para comprender la conciencia»,[6] e incluso llega a decir que una arquitectura diferente de nuestros cerebros podría permitir tal comprensión. En este punto no estoy de acuerdo. Una arquitectura diferente no podría, en principio, resolver el problema de la división primera-persona/tercera-persona. La conciencia requiere almacenamiento de información, y esto requiere cosas materiales, ya sean chips de ordenador, neuronas o patrones confinados de campos electromagnéticos. Sigue existiendo la dificultad conceptual de pasar de ese material a la experiencia de la conciencia en primera persona. Incluso con estas dificultades sigo estando del lado de la biología moderna en la creencia de que la conciencia es un resultado del cerebro material. Es decir, la mente y el cerebro son una misma cosa. En contradicción con Descartes, la mayoría de los científicos modernos creen que solo hay un tipo de sustancia en el universo, una sustancia material.

Christof Koch nació de padres alemanes en 1956, en el Medio Oeste estadounidense. Como su padre era diplomático, el joven Koch creció en Holanda, Alemania, Canadá y Marruecos. Estudió Física y Filosofía en la Universidad de Tubinga, en Alemania, y se doctoró en Biofísica en el Instituto Max Planck de Tubinga. En 1986, tras cuatro años en el Laboratorio de Inteligencia Artificial del MIT, Koch se incorporó al nuevo programa de Computación y Sistemas Neuronales de Caltech. Es autor de más de trescientos trabajos de investigación y cinco libros sobre ciencia cognitiva. Es titular de cinco patentes. Además de ser un destacado investigador en neurociencia, Koch dedica parte de su tiempo a divulgar la ciencia entre el público. Escribe regularmente una columna sobre la conciencia para *Scientific American Mind* y da conferencias públicas. Su libro de 2004 *The Quest for Consciousness*[7] ('La búsqueda de la conciencia') es un modelo de excelente divulgación científica.

En 2005, Koch y un estudiante inventaron una técnica médica llamada *supresión de proyección continua*.[8] Se presenta una imagen estática en un ojo, mientras que

Christof Koch, © Fatma Imamoglu, con permiso.

al otro se le muestran una serie de imágenes pasadas rápidamente. Aunque la imagen estática llega al cerebro, acaba perdiendo visibilidad; es decir, el sujeto deja de ser consciente de la imagen estática.

Este experimento demuestra que la conciencia visual requiere un alto nivel de procesamiento más allá de la información ocular entrante. Las señales visuales en sí no contribuyen a la conciencia de una imagen vista.

Es probable que este hallazgo esté relacionado con el hecho de que solo algunas de las neuronas del cerebro están implicadas en la conciencia. Muchas actividades de las neuronas se asocian únicamente a comportamientos inconscientes, como reaccionar ante una estufa caliente o la respiración. Los seres humanos que han perdido la mayor parte del cerebelo debido a un derrame cerebral o a un traumatismo no muestran signos de haber perdido la conciencia. El hecho de que esta esté asociada a algunas neuronas y no a otras es una prueba más de su base material.

Otro nombre para la conciencia es *atención*. En los millones de imágenes visuales, sonidos, olores y otras entradas sensoriales que bombardean el cerebro cada segundo, ¿qué mecanismo nos permite prestar atención a unas cosas y desatender otras? ¿Qué ocurre en el cerebro que nos permite ignorar un grifo que gotea, pero prestar atención a una llamada a la puerta? En 1990, Koch y Francis Crick (codescubridor de la estructura del ADN),[9] basándose en una idea anterior del neurocientífico alemán Christoph von der Malsburg, propusieron que prestar atención a una imagen o un sonido está asociado al disparo sincrónico de las neuronas. La atención no es conciencia. Sin embargo, es probablemente una condición necesaria para la conciencia, y su mecánica neuronal es un paso adelante en el camino hacia la comprensión de la base material de la conciencia.

La propuesta de la atención fue respaldada en 2014 por los neurocientíficos Robert Desimone y Daniel Baldauf.[10] Estos investigadores presentaron a sus sujetos una serie de dos tipos de imágenes —caras y casas— en rápida sucesión, como el paso de los fotogramas de una película, y les pidieron que se concentraran en los rostros y no prestaran atención a las casas (o viceversa). Las imágenes se organizaron dependiendo de la frecuencia con la que fuesen proyectadas: una nueva imagen de una cara cada dos tercios de segundo y una nueva imagen de una casa cada medio segundo. A continuación, los investigadores colocaron en la cabeza de los sujetos un dispositivo similar a un casco que podía detectar diminutos campos magnéticos locales dentro del cerebro y, por tanto, la actividad cerebral localizada —una técnica denominada magnetoencefalografía (MEG)—. Otra técnica denominada resonancia magnética funcional (RMf), mide la actividad cerebral por las diferentes propiedades magnéticas de la sangre con oxígeno (alta actividad) y la sangre sin oxígeno. Controlando las frecuencias de la actividad magnética y eléctrica del cerebro de los sujetos, Desimone y Baldauf pudieron determinar en qué parte de este se dirigían y procesaban las imágenes de la casa y la cara. Los científicos descubrieron que, aunque los dos conjuntos de imágenes se presentaban al ojo casi una tras otra, se procesaban en lugares distintos del cerebro: las imágenes de la cara en una región concreta de la superficie del lóbulo temporal, el área fusiforme de la cara, conocida por su especialización en el reconocimiento de rostros, y las imágenes de la casa por una región vecina, el área parahipocampal, especializada en el reconocimiento de lugares.

Y lo que es más importante, Desimone y Baldauf descubrieron que las células cerebrales (neuronas) de las dos regiones se comportaban de forma diferente. Cuando se pedía a los sujetos que se concentraran en las caras y no prestaran atención a las casas, las neuronas de la zona de las caras se disparaban de forma sincronizada, como un grupo de personas cantando al unísono, mientras que las neuronas de la zona de las casas se disparaban como un grupo de personas cantando de forma desincronizada, cada una empezando en una parte aleatoria de la canción. Y cuando los sujetos se concentraban en las casas y hacían caso omiso de las caras, ocurría lo contrario. Evidentemente, lo que percibimos como prestar atención a algo se origina, a nivel celular, en el disparo sincronizado de un grupo de neuronas, cuya actividad eléctrica rítmica se eleva por encima del parloteo de fondo de la vasta multitud neuronal.

Relacionada con la atención y el disparo sincrónico de las neuronas está la idea de que las coaliciones de neuronas compiten entre sí por nuestra atención. Normalmente, no somos conscientes de estas competiciones. Sin embargo, cuando una de las coaliciones domina a las demás, somos conscientes de su mensaje. Por ejemplo, cuando intentamos recordar el nombre de alguien podemos pasar segundos, minutos o incluso horas luchando por recordarlo. Inconscientemente, muchas coaliciones diferentes, con diferentes nombres sugeridos y quizás imágenes visuales, están compitiendo. Más tarde, de repente, nos viene a la mente el nombre correcto. En ese instante, una de las coaliciones se ha impuesto a las demás.

Desimone, director del Instituto McGovern de Investigación Cerebral del MIT, cree que quizá estemos mistificando innecesariamente la experiencia que llamamos conciencia. «A medida que conozcamos mejor los mecanismos detallados del cerebro», afirma, «la pregunta "¿Qué es la conciencia?" se desvanecerá en la irrelevancia y la abstracción».[11] En opinión de Desimone, la conciencia no es más que una palabra para designar la experiencia mental de atender, que poco a poco vamos diseccionando en términos de actividad eléctrica y química de neuronas individuales. Desimone propone una analogía. Pensemos en un automóvil que va a toda velocidad. Podríamos preguntarnos: «¿Dónde está el *movimiento* dentro de esa cosa?», pero ya no nos haríamos esa pregunta después de comprender el motor del coche, la forma en que las bujías encienden la gasolina y el movimiento de los cilindros y los engranajes.

Me vi con el Dr. Koch por Zoom en julio de 2021. En aquel momento, ambos estábamos pasando lo que esperábamos que fueran los últimos meses de la pandemia de coronavirus en pequeñas islas, él en el noroeste del Pacífico y yo en la región de Casco Bay, en Maine. Su oficina al aire libre es una amplia terraza de madera, cuyo perímetro está bordeado de plantas en macetas de terracota turquesa y gris; la terraza está en lo alto de una colina, con el terreno cubierto de árboles descendiendo por todos lados. Ese día llevaba una chaqueta morada y un pañuelo al cuello. Tiene el pelo sedoso, gris, y lleva gafas. Habla con precisión, con un acento alemán bastante marcado. Aunque se toma muy en serio su trabajo clínico sobre el cerebro material, transmite una simpática calidez humana y aprecio por la maravilla de la existencia. «La vida misma es un misterio»,[12] me dijo. «Ahora mismo puedo mirar estos árboles; son tan vívidos. El cielo azul. Puedo oler las flores. Es extraordinario. Lo damos todo por sentado, porque siempre ha estado ahí. Entonces, cuando entramos en este espacio tan especial, donde te sientes en comunión con el resto del universo, piensas que eso es único».

Además de realizar experimentos de laboratorio, como su trabajo sobre la supresión de la proyección continua, Koch y sus colaboradores han desarrollado teorías sobre la conciencia y sus hipotéticos requisitos. En cuanto al difícil enigma primera-persona/tercera-persona que plantea la conciencia, me dijo:

Entonces, ¿cómo sé que tienes sentimientos? Puedo utilizar lo que los científicos emplean constantemente: la inducción. Teniendo en cuenta todo lo que sé sobre cerebros, genes y evolución, sería extremadamente improbable que tu cerebro fuera muy parecido al mío pero no tuviera conciencia. Y luego hago lo mismo con bebés y personas paralíticas. Y lo hago con los perros y los gatos. Ahora bien, cuando llego a sistemas radicalmente diferentes, como los calamares y los pulpos, que son muy distintos de mí, que no tienen corteza cerebral y tienen un aspecto muy diferente al de mi cerebro, la cosa se complica. Cuando se trata de células individuales o árboles, es casi imposible. Entonces llego a los ordenadores. Entonces necesito una teoría. Necesito una teoría fundamental que me diga *a priori* qué sistemas se parecen a algo y cuáles no.[13]

Siguiendo la biología y la neurociencia modernas, ahora creemos que la actividad del cerebro tiene lugar en las neuronas y en las interacciones entre ellas. Entendemos sobre todo cómo estas funcionan. Una neurona consta de tres partes: un cuerpo celular, que contiene, entre otras cosas, el ADN de la célula; las dendritas, que son prolongaciones fibrosas de la célula que reciben impulsos eléctricos de otras neuronas, y los axones, que son largas y delgadas proyecciones de la neurona que transmiten señales eléctricas a otras neuronas. La forma en que la electricidad fluye a través de los axones se entiende como un intercambio de átomos cargados eléctricamente a través de la membrana del axón. Las neuronas individuales emiten picos de descargas eléctricas de aproximadamente una décima de voltio y una duración aproximada de una milésima de segundo. La forma en que los mensajes se comunican de una neurona a otra se entiende como un flujo de ciertas sustancias químicas, llamadas neurotransmisores, a través de una diminuta región entre neuronas denominada sinapsis. Todos estos aspectos se han observado, medido y cuantificado.

En el cerebro humano hay unos 100 000 millones de neuronas. Cada una se conecta a unas mil neuronas más, aunque el número varía de una parte a otra del cerebro. Por tanto, hay unos 100 billones de sinapsis en el cerebro. El ser humano tiene el mayor número de neuronas de todos los animales conocidos, salvo el elefante africano y algunas ballenas. Las medusas tienen unas 6 000 neuronas; las hormigas, unas 250 000; los ratones, unos 71 millones; los cuervos, unos 2 000 millones; los gorilas, unos 33 000 millones; las ballenas, unos 150 000 millones, y los elefantes, unos 260 000 millones.

¿Son las ballenas y los elefantes «más listos» que nosotros? Probablemente no, aunque son bastante inteligentes. La medida más importante de la inteligencia[14] seguramente no sea el número absoluto de neuronas, sino el peso del cerebro por peso corporal. Los cuerpos más grandes requieren cerebros de mayor tamaño para gestionar todas las terminaciones nerviosas y las funciones internas, independientemente de la inteligencia. Así pues, una medida más precisa de la inteligencia entre animales es lo que los neuroanatomistas denominan *cociente de encefalización*: una comparación del peso cerebral de una especie concreta con el peso cerebral estándar de animales pertenecientes al mismo grupo taxonómico y con el mismo peso corporal medio. Según esta medida, los seres humanos somos los animales más «inteligentes» de nuestro grupo taxonómico, con un peso cerebral 7,5 veces superior al de la media de mamíferos con nuestro peso corporal. La actividad cerebral compleja y la conciencia se asocian no solo al número total de neuronas, sino también al de conexiones entre neuronas. Como prueba de esto, conocemos el hecho de que en el cerebro humano, el córtex tiene menos neuronas que el cerebelo, pero muchas más conexiones entre esas neuronas. A partir de la observación de la asociación entre las manifestaciones conductuales de la conciencia y los daños en el córtex, los neurocientíficos han llegado a la conclusión de que la conciencia está mucho más asociada al córtex que al cerebelo. Este último es responsable de muchas actividades irreflexivas, como puede ser tragar, y sus neuronas actúan en su mayoría de forma independiente las unas con respecto de las otras. En cambio, las neuronas del córtex interactúan y se retroalimentan mucho entre sí. Como ya se ha mencionado, una persona puede perder gran parte o la totalidad de su cerebelo y seguir mostrando todos los signos de consciencia. No ocurre lo mismo con el córtex.

Cuando nos fijamos en las neuronas corticales y las conexiones entre ellas, los humanos superamos a las ballenas y los elefantes. Sin embargo, hay un animal con incluso más neuronas corticales que los humanos: el calderón tropical, una especie de delfín. Tiene el doble de neuronas corticales que los humanos, 34000 millones frente a 16000 millones. Pero entonces, ¿por qué estos delfines no son más avanzados que el *Homo sapiens*? Posiblemente, porque no tienen manos para manipular su entorno, registrar historias y escribir manuales de instrucciones, etc. Dejando a un lado esta excepción, todos estos hallazgos ayudan a confirmar la existencia de una base material para la conciencia. Además, apoyan la

Neurona Clinton, de The Quest for Consciousness de Christof Koch (Englewood, CO: Roberts and Company Publishers, 2004), p. 30, modificado de Kreiman, «On the Neuronal Activity of the Human Brain During Visual Recognition, Imagery and Binocular Rivalry», tesis doctoral, Caltech, 2001, con permiso.

idea de que la inteligencia superior y la conciencia surgen de la interdependencia de un gran número de neuronas, como los disparos sincrónicos de los experimentos de Desimone.

En términos de número de neuronas y conexiones entre ellas, la complejidad de los cerebros de los animales más «inteligentes» es realmente asombrosa. Las mayores simulaciones informáticas de cerebros tienen unos dos millones de «neuronas digitales», muchas menos que en un ratón. Pero no solo muchas menos. En estas simulaciones, cada neurona se representa como un punto, sin estructura ni estado interno, básicamente encendido o apagado. En cambio, las neuronas reales tienen entradas y salidas variables en forma de variaciones del potencial eléctrico a través de la membrana celular, y cada neurona se conecta a otras mil. Estamos muy, muy lejos de poder simular un cerebro en un ordenador.

Aunque es casi seguro que la conciencia depende de un gran número de neuronas que trabajan en conjunto, las neuronas individuales pueden ser asombrosamente específicas en su actividad. El comportamiento de una sola neurona puede medirse introduciendo en ella un diminuto tubo de cristal lleno de cloruro potásico, un líquido que responde a la salida eléctrica de la neurona. Algunas neuronas, llamadas neuronas abuela, responden solo a las imágenes de determinadas personas (las imágenes, por supuesto, las ve el ojo y luego las transmite al cerebro).

La figura anterior muestra la actividad eléctrica de una neurona concreta (del cerebro de un paciente vivo) que responde a imágenes de Bill Clinton, únicamente. La actividad eléctrica de la neurona se muestra debajo de la imagen presentada al ojo del voluntario. Como se puede ver en la fila superior, hay poca respuesta a las imágenes de una persona que no es Clinton, a un conejo o a una persona sin rostro. En la segunda fila, la neurona responde enérgicamente a una caricatura de Clinton, un retrato suyo y una foto de grupo en la que sale él, pero responde poco a la cara de la persona que no es Clinton. La tercera fila muestra la escasa respuesta de esta neurona a diseños abstractos o edificios. Casi con toda seguridad, la información que codifica la cara de Bill Clinton requiere más que una sola neurona, probablemente un grupo de neuronas, pero las unidades individuales de ese grupo son todas muy selectivas y específicas en su actividad.

Cuando Koch era un joven investigador de treinta y pocos años, inició una colaboración con el famoso biólogo molecular Francis Crick para entender la conciencia. Juntos elaboraron una lista de atributos cerebrales mínimos necesarios para producir la conciencia. Koch y Crick no intentaron explicar la experiencia subjetiva, el sentido del yo ni los aspectos superiores de esta. En su lugar, adoptaron un enfoque más modesto: dilucidar los requisitos neuronales de un único aspecto de la conciencia, la conciencia visual. Por ejemplo, cuando vemos un perro, ¿qué ocurre dentro del cerebro para que asociemos esa información visual con el *concepto* de «perro»? El conjunto mínimo de neuronas implicadas en tal proceso Koch y Crick lo denominan *correlatos neuronales de la conciencia* (CNC).[15] Dicha lista es la siguiente:

- Complejidad neuronal (más de cien mil neuronas)
- Sistema nervioso distribuido,
  pero altamente integrado.
- Muchos tipos diferentes de neuronas
  y distintas regiones cerebrales.
- Órganos sensoriales, incluida la
  visión, con entradas al cerebro.
- Mapas mentales (se puede navegar por el
  espacio aunque no haya estímulos sensoriales
  que sirvan de guía); neuronas organizadas
  para cartografiar el mundo exterior.

- Jerarquías neuronales, con interacciones neurona-neurona.
- Muchas conexiones recíprocas y no lineales entre neuronas.
- Mecanismo de la atención selectiva.
- Almacenamiento en memoria.

Los animales del planeta Tierra que poseen este conjunto completo de CNC son los vertebrados, los artrópodos y los moluscos cefalópodos (pulpos, calamares, sepias...).

Aunque los objetivos de Koch y Crick eran modestos, podemos ver que su CNC podría aplicarse a niveles superiores de conciencia, más allá de la simple conciencia visual. La autoconciencia, como «yo» en primera persona y como ser separado del mundo circundante, es una de las cualidades que asociamos a un nivel superior de conciencia. Por lo tanto, uno de los correlatos neuronales de esta debería ser la cartografía mental del mundo exterior, lo que incluiría la conciencia de la propia posición en el tiempo y el espacio, tanto en el momento presente como en el futuro inmediato. En 1970,[16] el neurocientífico y psicólogo británico-estadounidense John O'Keefe descubrió unas células concretas en la región del hipocampo del cerebro, ahora denominadas células de lugar, que se activan cuando el animal se encuentra en un lugar determinado. O'Keefe planteó la hipótesis de que las células de lugar podrían representar un mapa físico del mundo exterior. En 2005, un equipo de neurocientíficos noruegos, Edvard Moser y May-Britt Moser,[17] descubrieron un grupo de células en el córtex entorrinal, ahora llamadas células reticulares, que parecen integrar información sobre la ubicación del cuerpo en el espacio, la distancia y la dirección. Colocando electrodos en el cerebro de ratas y observando qué neuronas se activan cuando estas se mueven por zonas abiertas, los científicos descubrieron que las neuronas solo se activan cuando la rata se encuentra en determinados lugares, y que esos lugares trazan triángulos equiláteros en el espacio. Así pues, parece existir una conexión profunda entre la acción de estas células y la posición del animal en el espacio. Si las células de lugar son el mapa del cerebro, las células de cuadrícula son su sistema de coordenadas.

Una prueba más de la importancia de un mapa mental del mundo como CNC es el hecho de que los seres humanos tengan comprometidas las células reticulares. Se sabe desde hace tiempo que las personas mayores tienen dificultades para la navegación espacial,[18] un problema especialmente grave en los enfermos de Alzheimer, que se pierden incluso en barrios conocidos. Mediante técnicas de IRMf, el neurocientífico Matthias Stangl, de la Universidad de California, y otros investigadores han descubierto recientemente que la actividad de las células reticulares en los adultos mayores se reduce significativamente en comparación con los adultos más jóvenes.

Todas estas consideraciones refuerzan aún más la idea de que la conciencia surge de la constelación de neuronas y de las conexiones entre ellas. Como escribe Koch en *The Quest for Consciousness* ('La búsqueda de la conciencia'):

> Es poco probable que comprender la base material de la conciencia requiera una nueva física exótica, sino más bien una apreciación mucho más profunda de cómo funcionan las redes altamente interconectadas de un gran número de neuronas heterogéneas.[19]

Una estrategia importante para intentar comprender cómo surge la conciencia a partir del cerebro material es identificar manifestaciones externas de la conciencia, lo que se ha denominado «correlatos conductuales de la conciencia» (CCC), y ver si estos CCC se modifican en personas con daños cerebrales, como lesiones traumáticas (caídas y accidentes de coche), lesiones, tumores cerebrales y accidentes cerebrovasculares. Además, se pueden buscar CCC en animales inferiores e intentar trazar algún tipo de historia evolutiva de estos correlatos.

Las manifestaciones externas de la conciencia incluyen el sentido del yo, una personalidad definida, la memoria, la capacidad de imaginar el futuro y planificar, la conciencia de la propia mortalidad, el sentido del juego o la capacidad de resolver problemas, entre otras. Algunos de estos atributos, como la capacidad para resolver problemas, podrían asociarse a una mayor inteligencia en general.

Psiquiatras, psicólogos y neurocientíficos han desarrollado cuestionarios para pacientes con daño cerebral con el fin de medir su grado de autoconciencia y su capacidad de funcionamiento. Los cuestionarios se administran a tres grupos: el paciente, su familia y un médico observador. Uno de estos cuestionarios, elaborado por Mark Sherer en la Facultad de Medicina Baylor y la Facultad de Medicina McGovern de la Universidad de Texas, en Houston, plantea preguntas como:

- ¿Cómo se lleva el paciente con la gente ahora, después de su lesión, en comparación con antes?
- ¿Cuál es el rendimiento actual del paciente en las pruebas que miden sus capacidades de

pensamiento y memoria en comparación con el que tenía antes de la lesión?

- ¿Hasta qué punto es capaz el paciente de recordar la hora y la fecha y dónde se encuentra ahora en comparación con antes de la lesión?
- ¿El paciente es capaz de concentrarse bien?
- ¿En qué medida puede el paciente expresar sus pensamientos a los demás ahora en comparación con antes de su lesión?
- ¿Cómo es la memoria del paciente para los acontecimientos recientes en comparación con la que tenía antes de la lesión?
- ¿El paciente ahora es capaz de planificar las cosas adecuadamente en comparación con antes de su lesión?[20]

No resulta sorprendente que los resultados de estos estudios muestren puntuaciones bajas según las mediciones de los familiares y los clínicos, pero no especialmente bajas según las de los propios pacientes.[21] Indudablemente, cuando un paciente pierde la conciencia de sí mismo, no es tan evidente para el propio paciente. Esa conciencia de la propia falta de conciencia requeriría otra parte supervisora de la conciencia no afectada por la lesión cerebral. También es posible que los pacientes con lesiones cerebrales estén a la defensiva sobre su pérdida de habilidades y sobrevaloren sus capacidades mentales. La autoevaluación es siempre un asunto delicado. Por eso, lo más fiable son los informes de familiares y médicos.

La memoria autobiográfica es una característica importante de la autoidentidad y la conciencia de nosotros mismos, por varias razones.[22] Una parte de lo que

111

sentimos está incorporada a nuestros recuerdos: los acontecimientos de nuestras vidas pasadas. Otra parte proviene de nuestras interacciones sociales en el momento presente. En esas interacciones influye mucho nuestra memoria autobiográfica. Imagínate que vas a un cóctel con desconocidos con la restricción de que no puedes decir nada sobre tu pasado. Lo único que el desconocido puede saber de ti es quién eres en ese momento: qué llevas puesto, tu aspecto físico, tu conocimiento de temas de actualidad, tu capacidad para mantener una conversación… A la mayoría de nosotros nos parecería una situación difícil, no solo incómoda, sino insatisfactoria.

Numerosos estudios han demostrado que la memoria autobiográfica disminuye con el daño cerebral y la demencia. Pensemos, por ejemplo, en el Alzheimer, una enfermedad que destruye la memoria y la capacidad de pensar. Las autopsias de los cerebros de los pacientes de Alzheimer revelan depósitos de una proteína llamada amiloide alrededor de las células cerebrales, y placas de otra proteína llamada tau que causan ovillos de células cerebrales. Los investigadores también han descubierto que, a medida que las células cerebrales se ven afectadas en la enfermedad de Alzheimer, se produce una disminución de los neurotransmisores químicos, como la acetilcolina, que envían señales entre las neuronas. Estos hallazgos no solo demuestran la clara correlación entre la memoria (y la conciencia asociada) y el cerebro físico, sino que también recalcan la importancia de la comunicación entre neuronas como parte fundamental de la conciencia y la inteligencia superior en general.

Los relatos de personas que se encuentran en las primeras fases de la demencia pero con capacidad cognitiva suficiente para describir su situación ofrecen una visión desgarradora de esa experiencia. Este es el relato de Leo, de Tasmania:

> Un día, al salir de la consulta de mi médico, no encontraba mi coche. No sabía dónde estaba. Al final, pude llegar a casa...
> Siempre le he dado mucha importancia a la independencia a lo largo de mi vida. Ahora dependo de mi mujer, Ellie, para que supervise cualquier decisión que tome. Me resulta muy difícil. El momento adecuado y la forma de decir las cosas es muy importante, pero ahora he perdido el sentido de detectar los momentos oportunos. Dilo ahora u olvídalo. La gente ha desaparecido de mi vida. Es como pasar por un divorcio. Temo hacer el ridículo.[23]

Por supuesto, no es necesario estudiar a personas con lesiones cerebrales traumáticas o accidentes cerebrovasculares para documentar la conexión entre el cerebro material y los estados modificados de conciencia. Alteramos voluntariamente nuestro cerebro y la conciencia resultante con diversas drogas psicoactivas, como el alcohol, el Prozac, el Ritalin, la marihuana, la cocaína, el MDMA, la psilocibina y el LSD. Se sabe, por ejemplo, que el LSD cambia la forma en que las neuronas se comunican entre sí al unirse a una de las proteínas llamadas receptores de serotonina,[24] que funcionan con el neurotransmisor serotonina. Una persona cuyo nombre de usuario es El Charro Loco publicó la siguiente descripción de su experiencia tras tomar LSD:

> De repente se produjo una desconexión entre mis pensamientos y la realidad. Ya no estaba atento al momento

presente y era como si mi conciencia se desviara y se sintiera atraída otra cosa, pero no sé lo que es. Dejé de comer y me acerqué al ordenador para documentar todo esto porque no quería perder el ímpetu en estas notas... Poco a poco estoy empezando a sentir cómo me entrelazo más en una percepción de la realidad que hacía tiempo que no experimentaba, como si hubiera estado guardando algo bajo llave en un sótano y ahora estuviera saliendo. La sensación no es de euforia o ira, no hay nada agresivo en ello, es más como volver a la casa en la que te criaste y sacar a la luz pensamientos, comportamientos y recuerdos con los que no habías tenido la oportunidad de interactuar en un tiempo. La realidad visual empieza a torcerse significativamente. Las alucinaciones empiezan a aparecer en este punto del viaje [...] Las ondas en el sonido se funden con los colores en el aire, la atmósfera de toda la habitación tiene un movimiento de balanceo muy suave y agradable, como un bebé en brazos de su madre. Mi mente no está en el mismo lugar en este momento [...] Ligeros escalofríos recorren mi cuerpo mientras escribo estas palabras [...] No soy quien era unas horas antes, al menos no en términos de presencia mental. Goliats en mi cabeza luchan por el poder de derecha a izquierda en esta danza constante de melodías junto con la música. Sonidos rítmicos y melodías resuenan en el fondo de mi cabeza como el eco a través de una sala vacía.[25]

A El Charro Loco claramente le queda suficiente conciencia de sí mismo para poder sentarse ante el ordenador y registrar sus experiencias, utilizando el pronombre *yo*, pero con el sentido del tiempo y el espacio alterado, así como los recuerdos.

Una forma de explorar la aparición de la conciencia en el cerebro humano es estudiar los correlatos conductuales de la conciencia en otros animales y trazar una gradación de ella con el aumento de las capacidades cerebrales. Es casi seguro que los animales no humanos tienen experiencias conscientes, tal y como nosotros tenemos. Pocas cosas en la naturaleza son todo o nada. Siempre hay un continuo. Los delfines, que tienen casi tantas neuronas corticales como los humanos[26] (de hecho, los calderones tropicales tienen más), han mostrado claros signos de autoconciencia y juego. En un famoso experimento que demuestra el autorreconocimiento, se coloca un espejo en una piscina con delfines. Los delfines nadan hasta el espejo, lo miran durante unos instantes y se alejan nadando. A continuación, se colocan marcas en el cuerpo de los animales. A partir de ese momento, pasan más tiempo mirándose en el espejo. Evidentemente, se han dado cuenta de que algo ha cambiado en sus cuerpos.

En mar abierto, los delfines dejan de hacer lo que están haciendo cuando se acerca un barco grande y se suben a su ola de proa. Hace unos años, salí a navegar por el mar Egeo. Un delfín no solo nadó a nuestro lado, sino que se catapultó sobre la popa. Desde luego parecía que se estaba divirtiendo. Los monos juegan, los gatitos se persiguen unos a otros y dan zarpazos a una cuerda colgante, los leones marinos se lanzan palos unos a otros. Un vídeo divertidísimo en YouTube muestra unos minutos en la vida de unos cuervos jóvenes.[27] Al principio, las aves parecen aburridas. Entonces, una de ellos ve una rama baja que cuelga de un árbol, vuela, la agarra y se balancea sobre ella. No ha conseguido nada, pero... los otros cuervos se dan cuenta de lo bien que se lo está pasando su amigo y se acercan para columpiarse por turnos en la rama.

La resolución de problemas está sin duda asociada a la inteligencia y probablemente también a niveles superiores de conciencia. Los cerebros de los córvidos (cuervos, arrendajos, urracas), aunque pequeños, tienen neuronas mucho más densas que los de otros animales. Por consiguiente, estas aves tienen tantas neuronas en sus «cerebros de chorlito» como algunos monos, y lo demuestran con su comportamiento. Un vídeo publicado en febrero de 2021 muestra a un cuervo llamado Bran que se enfrenta a una caja que contiene una golosina de carne.[28] Para conseguir la golosina, el ave tiene que realizar una secuencia de tareas en un orden determinado: (1) apartar una bola que hay delante de la caja; (2) retirar tres varillas horizontales que bloquean la entrada a la caja; (3) soltar un pestillo que asegura la puerta de la caja; (4) abrir la puerta con un trozo de cuerda, y (5) meter la mano dentro de la caja y tirar de otro trozo de cuerda unido a la golosina de carne. Bran realiza todas estas tareas con gran rapidez.

Experimentos con chimpancés han demostrado que son capaces de reunir información y basar sus decisiones en ella. El neurocientífico y psicólogo Michael Beran[29] y sus colegas de la Universidad Estatal de Georgia hicieron el siguiente experimento con chimpancés que ya habían sido entrenados para elegir imágenes de objetos familiares en un teclado. Se colocó un alimento en un recipiente opaco, a veces con los chimpancés mirando y a veces no. A continuación, se recompensaba a los chimpancés con la comida si podían nombrarla en sus teclados. Si los chimpancés no habían visto el alimento colocado en el recipiente, primero iban a este y lo miraban antes de seleccionarlo en su teclado. Si ya habían visto cómo se colocaba el alimento en el recipiente, no lo inspeccionaban antes de elegirlo con el teclado.

La conciencia de la mortalidad parecería ser un signo de conciencia e inteligencia de nivel superior: no se trata simplemente de que un animal enfermo se arrincone para morir, sino de la conciencia de la muerte dentro de un contexto social. James R. Anderson y sus colegas del departamento de Psicología de la Universidad de Stirling[30] (Reino Unido) grabaron vídeos del comportamiento de un grupo de chimpancés durante la enfermedad tardía y la muerte de una hembra anciana del grupo llamada Pansy. Cuando Pansy se tumba y empieza a respirar con dificultad, dos de los otros chimpancés empiezan a acariciarla y acicalarla. Un tercer chimpancé le sacude el brazo. Otro acaricia su mano. Después de que Pansy dé un último respingo, lo que indica su muerte, un chimpancé macho salta al aire y golpea el torso de la chimpancé anciana, luego huye. Rosie, la hija de Pansy, pasa la noche sentada junto al cadáver. Al día siguiente, los supervivientes están profundamente tristes.

A partir de todos estos ejemplos, varios niveles de conciencia parecen estar presentes en los animales no humanos. Los niveles de conciencia más elevados probablemente requieran la capacidad de manipular el entorno, registrar la historia y la información y transmitirla. Para estas acciones, puede ser necesaria la destreza manual. Un animal puede ser muy inteligente, pero su percepción del mundo exterior y de sí mismo queda muy mermada si no puede manipular ese mundo y registrar grandes cantidades de información.

El psiquiatra y neurólogo Todd Feinberg y el biólogo Jon Mallatt[31] sostienen que los correlatos neuronales de la conciencia se limitan a vertebrados, artrópodos (insectos) y cefalópodos (calamares, pulpos, etc.). Si es así, es posible plantear la hipótesis de cuándo surgió por primera vez una forma primitiva de conciencia durante la historia de la vida en la Tierra. Sería hace entre 540 y 500 millones de años, cuando se encontraron los primeros fósiles de estos animales en las rocas del periodo Cámbrico, durante la llamada explosión cámbrica. Este desarrollo bastante rápido de la evolución de la vida se debió probablemente a la aparición de los primeros animales depredadores, unos animales marinos de aspecto extraño llamados anomalocaríridos que poseían una buena vista y un par de brazos prensores cerca de la boca. Con la llegada de los depredadores, otros animales tuvieron que adaptar mecanismos defensivos, lo que requirió capacidades cerebrales más avanzadas, como una conciencia precisa (y rápida) de su posición en el espacio y la capacidad de planificar y anticiparse. Las fuerzas darwinianas habrían seleccionado a aquellos animales cuyos cerebros realizaran tales adaptaciones.

Al igual que existe una gradación de inteligencia en los animales, seguramente también debe existir una gradación de conciencia. Las ratas no tienen la conciencia de sí mismas que tienen los cuervos, y los cuervos probablemente carezcan de la que tenemos los humanos. Se podrían ordenar los niveles de conciencia de la siguiente manera:

Vida rudimentaria → Conciencia de primer nivel → Conciencia de segundo nivel → Conciencia humana

Vida rudimentaria: cumple los requisitos mínimos para la vida (por ejemplo, microorganismos)

Conciencia de primer nivel: sistemas más complejos, pero que siempre se comportan de modo reactivo (por ejemplo, los gusanos)

Conciencia de segundo nivel: inteligencia superior, muestra signos de autoconciencia, conciencia de la mortalidad, se entrega al juego, capacidad para resolver rompecabezas, capacidad de predicción (por ejemplo, perros, delfines, chimpancés, cuervos)

Conciencia humana: inteligencia aún más elevada, creación de arte, ciencia, poderes de predicción, manipulación avanzada del entorno, etc.

El reconocimiento de niveles de conciencia en otros animales, sumado a una historia evolutiva asociada de las capacidades cerebrales, confirma aún más la noción de que la conciencia está arraigada en el cerebro material, así como que el cerebro humano y sus capacidades no son cualitativamente diferentes a las de los cerebros de otros animales.

En 2004, el neurocientífico italoamericano Giulio Tononi, titular de la Cátedra Distinguida de Ciencias de la Conciencia de la Universidad de Wisconsin, fue pionero en una teoría matemática de la conciencia denominada *teoría de la información integrada* (TII).[32] Desde entonces, Tononi ha colaborado con Koch para seguir desarrollando la teoría. A diferencia del programa de Koch sobre los correlatos neuronales de la conciencia, que empieza por el cerebro, la TII parte de la experiencia de la conciencia, categoriza las cualidades esenciales de esa experiencia y, a continuación, explora el tipo de estructuras matemáticas y materiales que serían necesarias para producir esas cualidades. Según esta línea de pensamiento, la conciencia no requeriría necesariamente neuronas biológicas. Podría surgir de cualquier sistema físico, incluido un ordenador, que poseyera la estructura adecuada. Como dice Koch: «Si construyes un cerebro neuromórfico que tenga, […] digamos, cobre en lugar de axones y transistores en lugar de neuronas, y si tienes los mismos repertorios de causa-efecto que [el] cerebro humano, entonces esta entidad sería realmente consciente».[33] Sin embargo, incluso según el TII, la conciencia requiere una estructura material que pueda actuar y producir cambios.

Tononi y Koch proponen cinco cualidades de la experiencia consciente: (1) una cosa existe desde su propia perspectiva; (2) cada experiencia se compone de muchas distinciones, como la imagen de un libro azul sobre una mesa, que incluye tanto el libro como el hecho de que es azul; (3) cada experiencia es específica y diferente de todas las demás; (4) cada experiencia es una cosa entera y no reducible a sus partes, y (5) cada experiencia es definida y fluye a cierta velocidad.

Según Tononi y Koch, la estructura clave de una cosa consciente es un conjunto de elementos que pueden actuar unos sobre otros, hacia delante y hacia atrás, de forma interconectada causa-efecto, modificándose y cambiando ellos mismos con las interacciones. La capacidad de los elementos para actuar unos sobre otros en ambas direcciones es fundamental para la teoría (A puede pasar información a B, y B puede pasar información a

A). Estas interacciones bidireccionales contrastan fuertemente con los sistemas en los que los elementos actúan solo en una dirección, llamados *redes prealimentadas* o *redes feed forward*. La primera persona de la fila susurra algo a la segunda, que susurra lo que ha oído a la tercera, que susurra lo que ha oído a la cuarta y así sucesivamente. La información solo fluye en una dirección. Para que haya conciencia, según la TII, cada parte del sistema debe poder afectar y ser afectada por todas las demás del sistema. Tononi y Koch van más allá y desarrollan una medida cuantitativa de la conciencia, denotada por Φ, que está relacionada con el número de elementos que interactúan y el número de conexiones de causa y efecto entre ellos. Según esta medida, la estructura de causa y efecto de un sistema altamente consciente se reduciría mucho si el sistema se subdividiera.

Una cuestión interesante es la relación entre la conciencia, tal y como la definen Tononi y Koch, y la vida. Los biólogos definen un ser vivo como una entidad que tiene algún tipo de membrana que la separa del mundo exterior, que puede reproducirse, que puede utilizar fuentes de energía y que puede evolucionar. Por supuesto, hay cierta arbitrariedad en estas características de «vida». Los virus tienen todas estas características excepto la capacidad de reproducirse por sí mismos. En el futuro, es posible que encontremos otras entidades de este tipo que tengan algunas de estas características, pero no todas. La línea que separa la vida de la no vida puede no ser tan nítida. Según el punto de vista de Tononi y Koch, una cosa podría ser consciente sin estar viva en el sentido biológico, como un ordenador avanzado que pudiera actuar y realizar cambios autónomamente, así como comunicarse con el mundo exterior, pero que no pudiera utilizar fuentes de energía por sí mismo y, por tanto, tuviera que estar enchufado a una toma de corriente. Por otro lado, hay entidades que consideraríamos vivas sin ser conscientes, como las personas en coma. Como me dijo Koch: «Hay una disociación bidireccional entre conciencia y vida. Sabemos por pacientes en coma o en estado vegetativo profundo, como [la estadounidense] Terri Schiavo [1963-2005], que técnicamente no son conscientes, pero están vivos. Así que puede haber vida sin conciencia, y conciencia sin vida».[34] El sueño profundo puede ser otro ejemplo de vida sin conciencia.

Parece razonable que un sistema suficientemente complejo pueda tener todos los atributos de la conciencia sin estar vivo. Sin embargo, al igual que ocurre con un ser humano o un delfín, es posible que otro ser consciente nunca sepa lo que se siente al ser ese sistema concreto. La división entre primera y tercera persona podría no superarse nunca (personalmente, me encantaría saber cómo se «siente» ser un ordenador). En cualquier caso, hemos demostrado que las manifestaciones conductuales de la conciencia pueden asociarse directamente con el cerebro material. Además, hemos encontrado algunas de esas manifestaciones en animales no humanos e incluso hemos sugerido una vía evolutiva para llegar de los organismos inconscientes a los cerebros humanos.

Dado que no podemos cruzar la línea divisoria primera-persona/tercera-persona, que no podemos expresar de forma objetiva lo que se siente al ser un ser o una cosa consciente, ¿podemos al menos entender cómo una congregación de miles de millones de neuronas materiales puede producir algo tan complejo y cualitativamente novedoso como la conciencia? La respuesta es sí, y procede del estudio de lo que se denominan fenómenos emergentes. *Emergencia* o *emergentismo* es el comportamiento colectivo de un sistema complejo con muchas partes que no es aparente y a menudo no predecible mediante la comprensión de las partes individuales. El concepto moderno de emergentismo se remonta al filósofo británico John Stewart Mill (1806-1873),[35] quien afirmó que un sistema complejo puede ser mayor que la suma de sus partes. Mill utilizó el ejemplo del agua, en la que la combinación química de oxígeno e hidrógeno produce una tercera sustancia cuyas propiedades son totalmente diferentes de cualquiera de las dos sustancias que la crearon.

Los cerebros de cuervos, delfines y humanos, con miles de millones de neuronas y billones de conexiones entre ellas, son más complejos que cualquier otro fenómeno natural que conozcamos. Se calcula que el cerebro humano puede almacenar unos 2,5 millones de gigabytes de información,[36] unas quince veces la cantidad de datos que el mayor ordenador construido en la Tierra (a partir de 2021). Pero no es solo el número de neuronas lo que contribuye a la complejidad del cerebro. Cada una de ellas se conecta a otras miles, y es esta inmensa red de conexiones la que da lugar a espectaculares fenómenos emergentes. Al principio de su libro *The Quest for Consciousness*, Koch escribe: «La capacidad de las coaliciones de neuronas para aprender de las interacciones con el entorno y de sus propias actividades internas se subestima habitualmente. Las propias neuronas individuales son entidades complejas con morfologías únicas y miles de entradas y salidas [...] Los humanos tienen poca experiencia con una organización tan vasta».[37]

Para comprender mejor los fenómenos emergentes en general, he aquí algunos ejemplos.

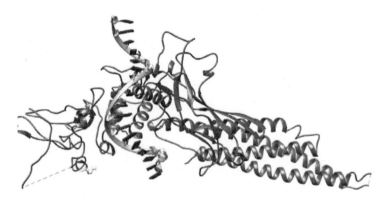

Proteína STAT3, fotografía de Treum. Wikimedia Commons.

• Plegado de proteínas: las proteínas interactúan con otras moléculas metabólicas a través de fuerzas eléctricas, y esas fuerzas dependen a su vez de la estructura de la proteína en el espacio tridimensional. Una proteína se compone de entre cientos y miles de bloques de construcción llamados aminoácidos, que se crean inicialmente en una secuencia particular a lo largo de una línea unidimensional. A medida que se fabrica la proteína, las fuerzas eléctricas de sus miles de piezas, los aminoácidos, trabajan conjuntamente para retorcer y plegar la proteína en su forma tridimensional. La estructura final depende también del entorno molecular de esta. La ilustración anterior es una proteína llamada STAT3, que se compone de unos setecientos setenta aminoácidos. Cada

STAT3 tiene exactamente esta forma compleja. Aunque comprendemos la estructura de cada uno de los aminoácidos individuales de STAT3, la forma compleja de la proteína plegada dista mucho de ser evidente a partir de sus partes. Aquellas que se pliegan incorrectamente, debido a defectos genéticos u otros errores en la secuencia de aminoácidos, no funcionan correctamente y pueden causar enfermedad y muerte.

Diseños de un copo de nieve.
Fotografía de Wilson Bentley, Wikimedia Commons.

• Diseño de copos de nieve: los copos de nieve presentan una enorme diversidad de patrones, aunque todos tienen una simetría de seis lados. Se cree que esa simetría deriva del ángulo en que los átomos de hidrógeno sobresalen del oxígeno

125

(de unos 120 grados aproximadamente). Pero la forma particular de cada copo de nieve se determina de forma compleja a medida que el copo emergente cae a través de la atmósfera y experimenta cambios aleatorios y fluctuantes de temperatura y presión. El sistema combinado de moléculas de agua y de aire es demasiado intrincado como para predecir la forma final y la estructura de un copo de nieve concreto.

Catedral de termitas.
Fotografía de J. Brew, Wikimedia Commons.

• Catedrales de termitas: se sabe que las termitas en colonias construyen grandes y complejos montículos, conocidos como catedrales. En ocasiones, las catedrales cuentan con elaboradas galerías y chimeneas para controlar el flujo de aire, la temperatura y la humedad. Para construir una estructura tan compleja, parecería haber algún tipo de plan maestro, ejecutado por los cientos de miles de termitas de la colonia, pero las termitas individuales, que son ciegas, no pueden percibir ni siquiera la forma general de un montículo, y mucho menos su diseño. De algún modo, el complejo montículo surge del comportamiento colectivo de toda la colonia. Los investigadores creen que estos insectos intercambian señales químicas entre sí y también responden a señales de flujo de aire y temperatura que se ven afectadas por la forma del montículo.

La neurociencia nos sugiere que la emergencia de la consciencia en cerebros avanzados como el humano, aun siendo enormemente más compleja que los fenómenos emergentes ilustrados más arriba, no es tan diferente. En concreto, la conciencia puede surgir de la interacción colectiva de miles de millones de neuronas, siguiendo leyes conocidas de la química, la física y la biología, sin la intervención de alguna fuerza etérea o psíquica adicional.

En resumen, tenemos pruebas de un sistema material —el cerebro— que puede recibir información visual, auditiva y sensorial del mundo exterior; que tiene mapas internos del mundo exterior en el espacio y el tiempo; que es capaz de almacenar información de estímulos o experiencias pasadas (memoria); que tiene una vasta jerarquía de agentes (neuronas) que pueden comunicarse rápidamente entre sí; es más complejo que el mayor ordenador que hemos construido, y enormemente más complejo que los elementos cooperativos que producen el plegamiento de proteínas, los copos de nieve y las catedrales de termitas. Incluso un ser inteligente de otro mundo, con un tipo de cerebro muy diferente, sabría que un sistema así es capaz de fenómenos espectaculares y novedosos. La conciencia, evidentemente, es un fenómeno de este tipo. En el próximo capítulo defiendo la idea de que la espiritualidad también lo es.

Casi al final de mi conversación con el profesor Koch, describí una experiencia que tuve hace algunos años. Estaba en el océano, solo, en un pequeño barco, a altas horas de la noche, volviendo a mi casa en una pequeña isla. Era una noche clara y el cielo estaba lleno de estrellas. No se oía ningún ruido, salvo el suave zumbido de mi motor. Me arriesgué y lo apagué. Se hizo aún más el silencio. Me tumbé en el barco y miré hacia arriba. Al cabo de unos minutos, mi mundo se disolvió en el cielo estrellado. El barco desapareció. Mi cuerpo desapareció. La conciencia de mí mismo y de mi ego desapareció. Y me encontré cayendo en el infinito. Sentí una conexión abrumadora con las estrellas, como si formara parte de ellas. Y la vasta extensión del tiempo —que se extendía desde el lejano pasado, mucho antes de que yo naciera, hasta el lejano futuro, mucho después de que yo muriera— parecía comprimida en un punto. Me sentí conectada no solo a las estrellas, sino a toda la naturaleza y a todo el cosmos. Me sentía parte de algo mucho más grande que yo. Al cabo de un rato, me incorporé y volví a arrancar el motor. No tenía ni idea de cuánto tiempo había estado tumbado mirando hacia arriba.

Le pregunté al profesor Koch si creía que una experiencia así podía surgir de simples átomos y moléculas. «En primer lugar, es una experiencia verdadera», dijo. «Yo las llamo experiencias místicas. Las puedes tener en circunstancias cercanas a la muerte, las puedes tener con una droga llamada 5-MeO-DMT, las puedes tener cuando meditas. Sabemos que nuestro cerebro puede producir amor y odio. Pues este es otro sentimiento que el cerebro puede tener. Y la experiencia demuestra que nuestro cerebro puede producir todos estos sentimientos de amor y odio, de éxtasis, de sentirse conectado».[38]

4

VER EL MUNDO EN UN GRANO DE ARENA[1]

De la conciencia a la espiritualidad

Una mañana en Maine, poco después del amanecer, me paré junto al océano justo cuando empezaba a entrar una ligera niebla. El sol naciente se convirtió en un fuego difuso. De repente, el aire empezó a brillar. La niebla dispersó la luz del sol, la hizo rebotar de un lado a otro hasta que todo el aire brilló con su propia fuente de luz. En todas direcciones, el aire irradiaba y resplandecía, y las gaviotas dejaron de graznar y las águilas se callaron. Durante un rato, me quedé hechizado por el silencio y el aire resplandeciente. Me sentí como en una catedral de luz y aire. Luego la niebla se disipó y el fulgor desapareció. El hinduismo tiene un concepto llamado *darshan,* que es la oportunidad de experimentar lo sagrado. Se aconseja estar abierto a tales experiencias.

En este capítulo, sugeriré que la espiritualidad se deriva de forma natural de un cerebro material, a través del camino de la conciencia, la inteligencia elevada y las fuerzas evolutivas que dieron forma al *Homo sapiens*. Al entender así los orígenes de la espiritualidad, no pretendo restar importancia a un sentimiento tan majestuoso y profundo. Las experiencias espirituales figuran entre los momentos más memorables de nuestras vidas. De hecho, me gustaría sugerir que son tan naturales como el hambre o el amor o el deseo, dado un cerebro de suficiente complejidad.

Quienes creen en un ser omnisciente e intencionado que creó el universo suelen asociar la espiritualidad con ese ser. Una de las afirmaciones más bellas y convincentes de esa asociación se encuentra en el emblemático libro de William James *Las variedades de la experiencia religiosa* (1902), en el que un clérigo cristiano describe una experiencia trascendente, cercana y vital:

> Recuerdo la noche, y casi el mismo lugar en la cima de la colina, donde mi alma se abrió, por así decirlo, al Infinito, y se produjo un encuentro precipitado de dos mundos, el interior y el exterior. Era una llamada de lo profundo a lo profundo: lo profundo que mi propia lucha había abierto en mi interior era respondido por lo insondable de la profundidad exterior, que llegaba más allá de las estrellas. Estaba solo con Aquel que me había creado, con toda la belleza del mundo, con el amor, con el dolor e incluso con la tentación. No lo busqué, sino que sentí la perfecta unión de mi espíritu con el Suyo.[2]

El clérigo atribuye claramente a Dios sus profundos sentimientos de conexión con el cosmos. Una conexión cósmica similar describe el gran poeta hindú Rabindranath Tagore (1861-1941) en su *Gitanjali:*

Tú [Dios] me has hecho infinito,
tal es tu complacencia...
La misma corriente vital que corre
por mis venas noche y día recorre
el mundo y baila en
compases rítmicos. Es la misma vida
que brota alegre a través del polvo de
la tierra en innumerables briznas de hierba
y se rompe en tumultuosas olas de hojas y flores.[3]

En el islam, tenemos constancia de la primera revelación espiritual de Mahoma, recogida por su primer biógrafo conocido, Ibn Ishaq (704-767):

Cuando estaba a mitad de camino en la montaña, oí una voz del cielo que decía: «¡Oh Muhammad!, tú eres el apóstol de Dios y yo soy Gabriel». Levanté la cabeza hacia el cielo para ver quién hablaba, y he aquí a Gabriel en forma de hombre con los pies a horcajadas sobre el horizonte [...] Me quedé contemplándolo [...] sin moverme ni hacia delante ni hacia atrás; luego empecé a apartar la cara de él, pero hacia cualquier región del cielo que miraba, lo veía como antes.[4]

Por supuesto, una de las experiencias espirituales más conocidas y su asociación con Dios es el relato del Antiguo Testamento de Moisés y la zarza ardiendo:

Y el ángel del Señor se le apareció [a Moisés] en una llama de fuego de en medio de una zarza; y él miró, y he aquí la zarza ardía en fuego, y la zarza no se consumía.[5]

Las experiencias aquí descritas, que expresan muchos de los rasgos de la espiritualidad tal como la he definido

—sentimientos de conexión con la naturaleza, el cosmos y otras personas; la sensación de formar parte de algo más grande que uno mismo, la apreciación de la belleza; la experiencia del asombro— son experiencias religiosas en el sentido de que todas están mediadas por un ser y creador omnisciente lleno de propósito al que llamamos Dios. Como tales, las experiencias pueden considerarse derivadas de este ser o del alma semejante a Dios que hay en nosotros, o de su omnipresencia en la naturaleza y el cosmos. Para el clérigo anónimo y para Tagore, Mahoma y Moisés, la existencia y el poder espiritual de Dios están implícitamente asumidos.

Yo respeto estas creencias y sus atribuciones divinas. Mi objetivo aquí es demostrar que los mismos sentimientos espirituales pueden surgir completamente de las fuerzas de la selección natural darwiniana y de las capacidades de un cerebro altamente inteligente, sin otra entidad o intervención de por medio. En otras palabras, aquí estoy comentando profusamente una espiritualidad no religiosa y sus orígenes evolutivos, aunque los sentimientos de conexión y asombro pueden ser bastante similares a los de la espiritualidad religiosa.

Cuando hablo de las fuerzas de la selección natural, no quiero decir necesariamente que todos los elementos de la espiritualidad, tal como la he definido, tengan un beneficio directo para la supervivencia. En 1979, los biólogos evolucionistas Stephen Jay Gould y Richard Lewontin[6] acuñaron la palabra *spandrel* para referirse a rasgos animales que no eran adaptativos en sí mismos, sino subproductos de otros rasgos que sí tenían beneficios para la supervivencia. Por ejemplo, el color de los ojos y el tamaño de los lóbulos de las orejas no son rasgos con un valor particular para la supervivencia, pero el color del cuerpo y las orejas tiene claramente un beneficio para ello. La capacidad de escribir poesía no tiene ninguna ventaja evolutiva evidente, pero dicha capacidad puede ser el subproducto de una sensibilidad a los sonidos y los ritmos, que probablemente sí tenía beneficios para la subsistencia.

Mi tesis es que la espiritualidad es un espejismo. El deseo de conexión y pertenencia a la naturaleza y a otras personas; el sentimiento de formar parte de algo más grande que nosotros mismos; la apreciación de la belleza; la experiencia del asombro, y la experiencia creativa trascendente —todos, afirmo, son subproductos de otros rasgos que tuvieron un beneficio evolutivo—. Los cuatro primeros necesitan poca explicación. La experiencia creativa trascendente es el nombre que doy a esa sensación estimulante y elevada que se produce cuando vemos algo nuevo en el mundo, cuando descubrimos algo que desconocíamos, cuando nos encontramos en un estado de pura visión. Pintores, músicos, bailarines, novelistas, científicos y todos nosotros hemos experimentado la trascendencia creativa.

Algunos de los ejemplos de espiritualidad que he dado, como mi comunión con águilas pescadoras jóvenes y con las estrellas en una noche clara, son experiencias trascendentes particulares que tienen lugar en un momento y un lugar concretos. De hecho, gran parte de nuestra alegría de estar en el mundo deriva de esas experiencias concretas. El conjunto de todos esos momentos forma el edificio de la espiritualidad. Una paradoja fascinante es que la mayoría de las experiencias trascendentes están completamente libres de ego. En ese momento, perdemos la noción del tiempo y el espacio, perdemos la noción de nuestro cuerpo, perdemos la noción de nosotros mismos. Nos disolvemos. Y, sin embargo, como sugiero, la espiritualidad surge de la conciencia y del cerebro material. La firma primordial de la conciencia es un sentido del yo, un «yo-yo» distinto del resto del cosmos. Así, curiosamente, una cosa centrada en sí misma crea una cosa ausente de sí misma.

Con esto quiero decir que las fuerzas que impulsan el surgimiento de la espiritualidad son tanto biológicas como psicológicas: una afinidad primigenia con la naturaleza, una necesidad fundamental de cooperación y un medio para hacer frente al conocimiento de nuestra muerte inminente. Algunas de estas fuerzas pueden encontrarse en animales no humanos, por supuesto, pero la experiencia plena de la espiritualidad puede requerir la inteligencia superior del *Homo sapiens*.

A continuación, examinaré, uno por uno, los distintos elementos de la espiritualidad y sus orígenes.

En su famoso ensayo *Nature* ('Naturaleza'), Ralph Waldo Emerson (1803-1882) expresa la unidad de todas las cosas de la naturaleza, incluidos los seres humanos:

> Tan pobre es la naturaleza con todas sus artesanías que, desde el principio hasta el fin del universo, no tiene más que una materia —pero una materia con sus dos extremos, para servir toda su variedad de ensueño—. Compóngala como quiera, estrella, arena, fuego, agua, árbol, hombre... Sigue siendo una sola cosa y revela las mismas propiedades.[7]

Esa unidad, incluso la disolución del yo humano en la naturaleza, está expresada de forma preciosa por la difunta Mary Oliver en su poema «Sleeping in the Forest» ('Durmiendo en el bosque'), de 1978:

> Pensé que la tierra me recordaba,
> ella me llevó de vuelta tan tiernamente,
> arreglando sus faldas oscuras,
> sus bolsillos llenos de líquenes y semillas.
> Dormí como nunca antes, una
> piedra en el lecho del río,
> nada entre mí y el fuego blanco de las estrellas
> salvo mis pensamientos que flotaban
> ligeros como polillas entre las ramas
> de los perfectos árboles. Toda la noche
> escuché los pequeños reinos respirando
> a mi alrededor, los insectos y las aves
> que trabajan en la oscuridad. Toda la noche
> me erguí y caí, como si estuviera en el agua, peleando
> con una luminosa maldición. Cuando llegó la mañana
> me había desvanecido al menos una docena de veces
> hacia algo mejor.

Nosotros los humanos (del género *Homo)* hemos pasado la mayor parte de nuestra historia evolutiva en un entorno natural: lagos, océanos, árboles, tierra, hierba, pájaros, montañas, cielo. En términos cuantitativos, hemos vivido cerca de la tierra durante unas cien mil generaciones humanas. Por lo tanto, es casi seguro que la atención a la naturaleza redundó en beneficio de la supervivencia. Los edificios de ladrillo y acero en los que ahora pasamos la mayor parte de nuestras horas del día son un desarrollo muy reciente en nuestra historia de dos millones de años. Cuando estamos en la naturaleza, en comunión con las águilas pescadoras o mirando las estrellas en una noche despejada de verano, volvemos a estar en contacto con algo que llevamos muy dentro, grabado en el cerebro. El distinguido biólogo y naturalista E. O. Wilson ha utilizado la palabra *biofilia* para referirse a «la tendencia innata a centrarse en la vida y en los procesos que le son afines»[8] (el término fue acuñado por primera vez en 1964 por el psicólogo social Erich Fromm para referirse a nuestra atracción por los seres vivos).[9] Wilson afirma que:

> El primer paso crucial para la supervivencia en todos los organismos es la selección del hábitat. Si llegas al lugar adecuado, todo lo demás te resultará más fácil. Las presas se vuelven familiares y vulnerables, los refugios pueden montarse rápidamente y los depredadores son engañados y vencidos constantemente. Muchas de las complejas estructuras de los órganos de los sentidos y del cerebro que caracterizan a cada especie cumplen la función primordial de la selección del hábitat.[10]

La profunda sensibilidad a los sonidos, las imágenes y los olores de la naturaleza, que se formó hace cientos de miles de años, debe de seguir formando parte de nuestro ADN, que se ha cocinado y recocinado a lo largo de la historia de la vida. Muchos de nuestros instintos primarios —como la necesidad de protegernos ante lo desconocido, el deseo irrefrenable de amar y cuidar a nuestros hijos o la atracción sexual— nacieron de estrategias de supervivencia y de las fuerzas de la selección natural. Parece plausible que la afinidad por la naturaleza haya surgido de un origen similar, ahora enterrado en nuestra psique.

Aunque es difícil demostrar la relación causa-efecto de sucesos que ocurrieron hace cientos de miles de años, nuestros biólogos evolutivos modernos han podido realizar experimentos para explorar la interacción causal entre evolución y medio ambiente, ya que el ADN de algunos animales y plantas evoluciona rápidamente, durante la vida de un solo experimento. Por ejemplo, David Reznick, biólogo evolutivo de la Universidad de California en Riverside, y sus colegas, han demostrado que los peces tropicales llamados *guppys* o lebistes producen más crías y desarrollan nuevas habilidades de escape y formas corporales cuando se exponen a un entorno altamente competitivo, con muchos depredadores.[11] En otros experimentos, Reznick y sus colegas cultivaron dos poblaciones distintas de guppys: una procedente de un entorno con alta densidad de depredadores y otra con baja densidad. Las dos poblaciones tuvieron efectos muy diferentes en un ecosistema formado por algas y larvas de insectos. La primera se comió sobre todo las larvas de insectos, mientras que la segunda se comió sobre todo las algas. Tras solo cuatro semanas, el ecosistema que rodeaba a la primera población había evolucionado hasta contener muchas algas y pocas larvas de insectos, mientras que en la segunda población ocurría lo contrario. Las dos poblaciones también crearon diferencias en la tasa de reciclaje de nutrientes, como el nitrógeno y el fósforo.

Estos estudios demuestran la en absoluto sorprendente conclusión de que los organismos vivos y sus ecosistemas evolucionan y se adaptan los unos a los otros. Los primeros humanos que tuvieron éxito fueron los que pudieron adecuarse a su entorno natural, y la atención a ese entorno mejoró la adaptación.

En 2004, los psicólogos sociales Stephan Mayer y Cindy McPherson Frantz, del Oberlin College, desarrollaron la llamada Escala de Conexión con la Naturaleza (CNS por sus siglas en inglés, *Connectedness to Nature Scale*),[12] un conjunto de afirmaciones que podían utilizarse para

Cindy Frantz, fotografía de Tanya Rosen Jones, con permiso.

medir el sentimiento de afinidad de una persona con la naturaleza. Después de que los encuestados respondieran «totalmente en desacuerdo», «en desacuerdo», «neutro», «de acuerdo» o «totalmente de acuerdo» a cada afirmación, se podía calcular una puntuación global para cada participante. Algunas de las catorce afirmaciones de la prueba CNS son:

> A menudo tengo una sensación de unidad con el mundo natural que me rodea.
>
> Considero el mundo natural como una comunidad a la que pertenezco.
>
> Cuando pienso en mi vida, me imagino formando parte de un proceso cíclico vital más amplio.
>
> Siento que pertenezco a la Tierra tanto como ella me pertenece a mí.
>
> Siento que todos los habitantes de la Tierra, humanos y no humanos, comparten una «fuerza vital» común.

Desde 2004, los psicólogos han llevado a cabo una serie de estudios para investigar las correlaciones entre las puntuaciones en la prueba del SNC de Mayer-Frantz y métodos previamente bien desarrollados para medir la felicidad y el bienestar.[13] En 2014, el psicólogo Colin Capaldi y sus colegas realizaron un metaanálisis de dichas correlaciones,[14] combinando treinta estudios previos con más de 8 500 participantes. Los psicólogos hallaron una correlación significativa entre la conexión con la naturaleza y la satisfacción vital y la felicidad. Las asociaciones más fuertes se dieron entre la felicidad y la inclusión de la naturaleza en la comprensión de uno mismo. Los psicólogos escriben que «los individuos más conectados con la naturaleza tienden a ser más concienzudos, extravertidos, agradables y abiertos [...] La conexión con la naturaleza también se ha correlacionado con el bienestar emocional y psicológico».[15] Estas conclusiones nos recuerdan que los impulsos, instintos, deseos y afinidades que se formaron en nuestro desarrollo hace un millón de años siguen presentes hoy en nuestra psique.

La propia profesora Frantz recuerda el fuerte impacto de la naturaleza en su infancia en Nueva Jersey, donde su boscoso jardín trasero tenía una gran colina y muchas rocas, donde pasaba horas creando un mundo imaginario. «Si estamos más en sintonía con nuestro entorno natural», me dijo, «es probable que respondamos más eficazmente a las señales, a los cambios en las circunstancias. Si dependemos de un ecosistema, necesitamos que ese ecosistema sea estable y saludable». Sus palabras hacen eco de las declaraciones del difunto E. O. Wilson.

Al igual que las fuerzas evolutivas probablemente moldearon nuestros sentimientos de profunda conexión con la naturaleza, también es posible que moldearan nuestra necesidad de conexión con otros seres humanos, lo que, a su vez, está relacionado con nuestros sentimientos de formar parte de algo más grande que nosotros mismos.

En los primeros grupos de cazadores-recolectores, que ocupan al menos el 90 % de la historia de la humanidad, los miembros del grupo dependían mucho unos de otros para sobrevivir. El peligro siempre estaba cerca. Los cazadores salían a por comida, mientras otros adultos protegían a los niños, mantenían el fuego encendido y fortificaban el refugio en entornos comunales. Ser rechazado o separado del grupo probablemente suponía una muerte rápida. La profesora Frantz afirma que existen similitudes psicológicas entre las relaciones que mantenemos con la naturaleza y las que mantenemos con las personas. Me dijo que «una de las estrategias adaptativas que tenemos los humanos es que vivimos en estos grupos sociales cooperativos. Para nuestros antepasados, no ser miembro del grupo habría significado una probabilidad mucho mayor de morir y no transmitir sus genes […]. Desarrollamos estos motivos sociales básicos porque ayudaban a mantener viva a la gente. El más importante de ellos es la necesidad de pertenencia».

Stuart West, catedrático de Biología Evolutiva de la Universidad de Oxford, también subraya la necesidad de cooperación en los primeros grupos de vida humana. Señala que la cooperación es un comportamiento potencialmente costoso que beneficia directamente a los demás más que a uno mismo, y sin embargo es frecuente en todo el reino animal. Aporta dos explicaciones. La

Un grupo de chicas, fotografía de Jodí Hilton.

primera es la reciprocidad. Es más probable que las personas ayuden a otras que las han ayudado. En segundo lugar, «la cooperación se dirige a individuos emparentados, que comparten los mismos genes. Al ayudar a un pariente cercano a reproducirse, un individuo sigue pasando copias de sus genes a la siguiente generación, solo que lo hace indirectamente».[16] A partir de pruebas arqueológicas en lugares como las cuevas de Neandertal y de Cromañón de Francia, sabemos que los primeros cavernícolas vivían en pequeños grupos de unas veinte personas. La mayoría de los miembros de un grupo así habrían sido familiares y parientes cercanos. Me imagino que la necesidad de pertenecer a un grupo, con un claro beneficio para la supervivencia, está relacionada con el deseo y el sentimiento de formar parte de algo más grande que uno mismo. Frantz afirma que tanto nuestra necesidad de conectar con la naturaleza como nuestra necesidad de conectar con otras personas «surgen de la tendencia del individuo a definirse como integrante de algo más grande que uno mismo. Esta integración no solo es una comprensión más exacta de la realidad física y psicológica de los humanos, sino que también aporta claros beneficios para la salud mental».

El psiquiatra del área de Boston W. Nicholson Browning ve la necesidad de pertenencia desde el extremo opuesto: los efectos negativos del aislamiento social. «Una de las experiencias más desafiantes para el ser humano es la soledad»,[17] me dijo. A lo cual añadió:

Nuestro horror a la soledad es fundamental para nuestro deseo de conexión con el mundo. Hay una expresión convincente de este tema en la vieja película de Kubrick *2001, una odisea del espacio.* Los astronautas, que viajan por el espacio profundo, son despertados de su animación suspendida por el ordenador HAL. Nacen metafóricamente de pequeñas cápsulas para empezar a funcionar en la nave nodriza. Uno de ellos sale de la nave en una diminuta cápsula y vuelve a entrar en esta diciéndole al ordenador «abre las puertas de la cápsula, HAL». Pero el ordenador, habiendo llegado a la conclusión de que es más capaz que los humanos, se niega y envía al astronauta dando tumbos al vacío del espacio para evaporarse allí como una minúscula gota de agua. He preguntado a unas sesenta o setenta personas si, habiendo visto la película, recuerdan esa escena, y creo que todas han respondido que sí, de forma bastante vívida. Creo que esa muestra (no científica) de individuos sintió profundamente el horror, no solo de la muerte del astronauta, sino de estar perdido en el vacío total y el aislamiento que este conlleva. Por mi propia experiencia personal de estar con personas que mueren, a menudo hay un deseo de abandonar el cuerpo físico que sufre, pero una gran pena por dejar nuestra conexión con las personas de nuestras vidas.

Los psicólogos han ideado una prueba llamada Escala de soledad UCLA,[18] análoga a la Escala de conexión con la naturaleza, para medir el grado de soledad de un individuo. El instrumento contiene preguntas como: «Me siento infeliz haciendo muchas cosas solo», «no tengo a nadie con quien hablar», «no tolero estar tan solo», «me falta compañía», «siento como si nadie me comprendiera de verdad». En un estudio de 240 personas de entre cuarenta y siete y cincuenta y nueve años,[19] Andrew Steptoe, psicólogo, epidemiólogo y director del Departamento de Ciencias del Comportamiento y Salud del University College de Londres, y sus colegas han descubierto que las personas con medidas altas en la escala de soledad respondían mucho más negativamente al estrés que las personas menos solitarias. La diferencia se manifiesta en la fisiología del organismo. Steptoe y sus colegas descubrieron que los individuos solitarios, cuando se exponían al estrés, tenían niveles más altos de fibrinógeno, células asesinas naturales y cortisona. El fibrinógeno es una proteína de la sangre que interviene en la coagulación. Unos niveles elevados pueden provocar coágulos sanguíneos perjudiciales para el cerebro. Las células asesinas naturales forman parte del sistema inmunitario. Un nivel especialmente alto en comparación con un grupo de control significa que el organismo ha reaccionado de forma exagerada al estrés. Un sistema inmunitario hiperactivo puede causar daños corporales por sí solo. Así pues, existen manifestaciones fisiológicas del estado mental de soledad y falta de conexión con otros seres humanos. La necesidad de conexión con otras personas y las consecuencias de no tener esos lazos están evidentemente integradas en la biología y la química de nuestro cuerpo.

Varios investigadores han sugerido que en nuestra historia evolutiva la necesidad de vínculos sociales y pertenencia puede haberse asociado con el sistema del dolor físico, «tomando prestada la señal del dolor para advertir de la desconexión social».[20] Una pieza fascinante y convincente de esta hipótesis es que palabras de uso común para el rechazo social, como *herido*, *aplastado*, *cortado* y *abofeteado*, son las mismas que se utilizan para el dolor físico. Geoff MacDonald, catedrático de Psicología de la Universidad de Toronto, y Mark Leary, catedrático de Psicología y Neurociencia de la Universidad de Duke, han demostrado que la similitud entre las palabras para el dolor social y para el dolor físico está presente en las lenguas de todo el mundo.[21]

La necesidad de conectar con otros seres humanos se manifiesta literalmente en nuestra necesidad de ser tocados físicamente por otros, lo cual se manifiesta también en diversos animales. En la década de 1950, el psicólogo estadounidense Harry Harlow y sus colaboradores demostraron que los monos Rhesus criados en aislamiento,[22] sin contacto físico con sus madres, mostraban comportamientos perturbadores, como mirar fijamente al frente, dar vueltas alrededor de la jaula y automutilarse (hoy en día, tales experimentos serían condenados enérgicamente por la Sociedad Americana para la Prevención de la Crueldad contra los Animales).

Un procedimiento para el cuidado de bebés prematuros llamado *método canguro* consiste en sujetar al bebé piel con piel contra el pecho desnudo de la madre o el padre. Un estudio de la pediatra Ruth Feldman y sus colegas de la Universidad BarIlan de Ramat Gan (Israel) comparó a bebés prematuros que recibieron cuidados canguro en la unidad neonatal con bebés prematuros que tuvieron cuidados estándar.[23] Se descubrió que, al cabo de treinta y siete semanas, los bebés que habían experimentado cuidados canguro mostraban un mayor estado de alerta, un mayor control motor y una menor aversión a la mirada que los bebés del grupo de control.

Parece claro que el contacto físico es importante para el desarrollo normal de los animales superiores, incluidos los humanos. A su vez, es casi seguro que el contacto físico está relacionado con la necesidad de estar conectado con el mundo.

El desapego de uno mismo desempeña un papel importante en diversos aspectos de la espiritualidad, especialmente en la experiencia trascendente de estar conectado a algo mayor que nosotros. Cuando nos abrimos a un mundo más grande, en cierto modo estamos subyugando y disolviendo nuestros egos individuales. Al menos durante unos instantes, nos desprendemos de nosotros mismos. Por tanto, parece ser indirectamente proporcional el grado en que nos centramos en nuestro yo individual y el grado en que podemos conectar con cosas más grandes que nosotros mismos. Más yo, menos conexión con el mundo.

La profesora Frantz y sus colegas han respaldado esta hipótesis. En un artículo titulado «There is no 'I' in nature: The Influence of Self-awareness on Connectedness to Nature» ('No hay un *yo* en la naturaleza: la influencia de la autoconciencia en la conexión con la naturaleza'),[24] publicado en el *Journal of Environmental Psychology*, los investigadores informan de que, en un estudio de unos sesenta participantes, una mayor conciencia de sí mismo se asocia a una menor conexión con la naturaleza. En este caso, la autoconciencia es bastante literal: la medida en que un individuo se ve a sí mismo como algo que sobresale del fondo del resto del mundo, «un objeto separado y discreto en el mundo». Frantz y sus colegas manipularon abiertamente la autoconciencia de los sujetos sentándolos frente al lado reflectante (alta autoconciencia) de un espejo o frente al lado no reflectante (baja autoconciencia). A continuación, los participantes respondieron a las preguntas de la prueba CNS para medir su sentimiento de conexión con la naturaleza y el mundo en general. Aunque estos experimentos parecen simplistas, sus resultados concuerdan con la sensación habitual de pérdida de uno mismo durante las experiencias trascendentales.

Merece la pena hacer una pausa aquí para reconocer que la importancia relativa del yo viene determinada en parte por la sociedad en la que vivimos. Los antropólogos, sociólogos y psicólogos culturales llevan mucho tiempo observando diferencias sustanciales entre occidentales y orientales en sus actitudes hacia el individuo y el grupo.[25] Los occidentales (estadounidenses, europeos, australianos, etc.) celebran al individuo y su libertad, independencia y autonomía, mientras que los orientales (chinos, japoneses, coreanos, etc.) dan prioridad al grupo sobre el individuo y hacen hincapié en las relaciones de interdependencia entre los miembros del grupo. Las dos dicotomías psicológicas y culturales son el *individualismo* frente al *colectivismo*. Una característica especialmente interesante de esta dicotomía: para estudiar un fenómeno o analizar un problema, los individualistas descomponen la cosa en sus partes componentes. Los colectivistas experimentan los fenómenos de forma holística, y en términos de las relaciones entre todas las partes.

Hace algunos años, visité el Club de Corresponsales Extranjeros de Japón, en Tokio. Mientras contábamos historias con unas copas, los periodistas se intercambiaban tarjetas de visita. Según recuerdo, las tarjetas de los periodistas japoneses tenían el nombre de su publicación en letras grandes en el centro de la tarjeta y su nombre personal en letras pequeñas en una esquina. En el caso de los periodistas occidentales era al revés.

El colectivismo debió de ser lo primero en nuestra historia evolutiva. Nuestros primeros antepasados, que vivían juntos en pequeñas comunas, tenían que ser colectivistas para sobrevivir. El grupo era primordial. Si un miembro de la tribu se volvía demasiado independiente del grupo, moría. Así pues, en la larga historia del *Homo sapiens*, el individualismo es un fenómeno relativamente reciente. ¿Cómo llegó a ser más prominente en Occidente que en Oriente? La pregunta me fascina. Probablemente haya muchos factores históricos, culturales y psicológicos en tal evolución.

Los primeros filósofos reflejaron la dicotomía individualismo/colectivismo. Según el antiguo escritor griego Pausanias, el conocido dicho «Conócete a ti mismo», que expresa el poder y la responsabilidad del individuo, estaba inscrito en la pared del Templo de Apolo en Delfos. La importancia del autoconocimiento del individuo la repite Sócrates en la *Apología* de Platón: «La vida no examinada no merece ser vivida».[26] He aquí algunas de las raíces de la filosofía occidental.

Comparemos estas afirmaciones centradas en el individuo con las palabras de Zeng Shen (505 a. C.-436

a. C.), discípulo de Confucio: «Al planificar para los demás, ¿he sido leal? En compañía de amigos, ¿he sido digno de confianza? Y ¿he practicado lo que se me ha transmitido?».

Un posible factor en los orígenes[27] del individualismo es el papel de la exploración. El historiador Frederick Jackson Turner, en su influyente ensayo «The Significance of the Frontier in American History» ('La importancia de las fronteras en la historia de América') de 1893,[28] sostenía que el proceso de exploración del Oeste americano contribuyó a forjar el individualismo y la independencia del carácter estadounidense. Cuando exploramos, abandonamos la comodidad y la seguridad de la comunidad más amplia y salimos por nuestra cuenta. La tesis fronteriza de Turner ha recibido apoyo en un estudio de la psicóloga social Shinobu Kitayama, de la Universidad de Michigan, y sus colegas.[29] Estos investigadores estudiaron los valores y la psicología de los japoneses que vivían en el territorio septentrional de Hokkaido, que a finales del siglo XIX experimentó una rápida migración y exploración similar al asentamiento pionero del salvaje Oeste en América. Kitayama y sus colegas descubrieron que los habitantes de Hokkaido eran más felices como resultado de sus logros individuales, mientras que los del Japón continental afirmaban ser más felices cuando estaban conectados con la sociedad que les rodeaba. Además, los habitantes de Hokkaido valoraban más la independencia personal que los demás japoneses.

Teniendo en cuenta estas diferencias culturales y sus orígenes, se puede concluir que los occidentales pueden tener que desprenderse de mayor inercia que los orientales a la hora de desprenderse del ego individual y abrirse

a un mundo más amplio. Esto no quiere decir necesariamente que los orientales sean más espirituales en general
que los occidentales, pero las prioridades relativas del individuo frente al grupo son ciertamente diferentes, y esas
diferencias deben afectar a la relación de cada uno con
el mundo más allá de uno mismo.

Una inesperada declaración sobre nuestros vínculos
humanos comunes procede de Albert Einstein. El gran
físico fue un padre de familia poco competente y un so-
litario durante la mayor parte de su vida, pero tenía esto
que decir sobre las conexiones humanas en un ensayo
que escribió para *Forum and Century* en 1931:

> ¡Qué extraña es la suerte de los mortales! Cada uno de
> nosotros está aquí para una breve estancia; no sabe para
> qué, aunque a veces cree intuirlo. Pero sin una reflexión
> más profunda, uno sabe por la vida diaria que existe
> para otras personas, en primer lugar, para aquellos de
> cuyas sonrisas y bienestar depende totalmente nuestra
> propia felicidad, y luego para los muchos desconocidos
> para nosotros, a cuyos destinos estamos unidos por los
> lazos de la simpatía.[30]

La mención de Einstein a nuestra «breve estancia»
apunta a lo que considero una de las principales fuerzas
motrices de nuestro impulso por conectar con otras personas y con el cosmos más amplio: nuestra mortalidad
personal y nuestro deseo de trascender las limitaciones
de nuestros cuerpos físicos. Por supuesto, la conciencia
de la muerte puede encontrarse en animales no humanos, como se analiza para el grupo de los chimpancés
en el capítulo 3. Pero el anhelo de formar parte de la

existencia a escala cósmica requiere una sofisticación e inteligencia adicionales, un sentido de la gran cadena de vidas humanas que se extiende cientos de miles de años en el pasado y un número incalculable de años en el futuro, todos nosotros conectados a través de los padres de los padres y los hijos de los hijos.

Ese sentimiento y esa necesidad de conexión a escala cósmica se ven aumentados por la comprensión de nuestro lugar en la Tierra, el asombro ante el cielo nocturno y otros conocimientos sofisticados. Durante miles de años, las estrellas se consideraron indestructibles y eternas. En el encantamiento para Unis, citado en el capítulo 1 y que data del 2315 a. C., se llama al faraón fallecido para que se una a las «estrellas imperecederas». Dos mil años más tarde, Platón eligió las estrellas como destino final de todos los seres humanos morales tras su fugaz paso por la Tierra: «Y habiendo hecho [el universo], el Creador dividió toda la mezcla en almas iguales en número a las estrellas, y asignó a cada alma una estrella [...]. Aquel que viviera bien durante el tiempo que le había sido señalado debía regresar y morar en su estrella natal».[31] Dos mil años después de Platón, tenemos la discusión de Sigmund Freud sobre un «sentimiento oceánico». En su obra *El malestar en la cultura*, Freud hace suyos los sentimientos del novelista y dramaturgo francés Romain Rolland, ganador del Premio Nobel de Literatura en 1915. En una carta a Freud, Rolland sugería que la fuente de la energía religiosa radica en un «sentimiento oceánico», que es una «sensación de "eternidad", un sentimiento como de algo ilimitado, ilimitado, por así decirlo, "oceánico" [...] un sentimiento de un vínculo indisoluble, de ser uno con el mundo externo como un todo».[32]

Como ya se ha mencionado, el antropólogo cultural estadounidense Ernest Becker ha sostenido que toda nuestra civilización es una «defensa contra la muerte». En el prefacio de su libro *La negación de la muerte*, ganador del Premio Pulitzer, Becker escribe: «la idea de la muerte, el miedo a ella, persigue al animal humano como ninguna otra cosa; es un resorte principal de la actividad humana —actividad diseñada en gran medida para evitar la fatalidad de la muerte, para superarla negando de algún modo que sea el destino final para el hombre—».[33]

Indirectamente, estos anhelos se relacionan con la cuestión de si estamos solos en el universo. El 6 de marzo de 2009 se lanzó al espacio el observatorio científico Kepler, bautizado así en honor al astrónomo renacentista Johannes Kepler, diseñado específicamente para buscar planetas fuera de nuestro sistema solar que fueran habitables —es decir, que no estuvieron tan cerca de su estrella central que el agua hirviera, ni tan lejos que se congelara—. La mayoría de los biólogos consideran que el agua líquida es una condición previa para la vida, incluso para una vida muy diferente a la de la Tierra. Kepler ha estudiado unos 150 000 sistemas estelares similares al Sol en nuestra galaxia y ha descubierto más de veintiséis mil planetas alienígenas. Aunque el satélite dejó de funcionar en 2018, todavía se está analizando su enorme reserva de datos. Durante siglos, los humanos hemos especulado sobre la posible existencia y prevalencia de vida en otros lugares del universo. Por primera vez en la historia, podemos empezar a responder a esa profunda pregunta: ¿estamos solos en el universo?

Sugiero que entre las muchas motivaciones que subyacen a la concepción y creación de Kepler se encuentra el deseo de conectar con el resto del cosmos, de encontrar otros seres vivos y pensantes que compartan el espectáculo de este maravilloso universo en el que nos encontramos. Nuestras vidas individuales no son más que breves destellos en el desarrollo de la historia del cosmos. El descubrimiento de otros seres vivos en otros mundos revelaría un tapiz mayor del que formamos parte.

También me gustaría sugerir que una fuerza psicológica que subyace a toda la empresa de la ciencia —aunque esa fuerza pueda operar a nivel subconsciente— es el deseo de encontrar verdades que perduren más allá de nuestras vidas humanas individuales. Las leyes del movimiento de Newton perdurarán milenios. Igual que la selección natural de Darwin. El físico Kip Thorne (ganador de un Premio Nobel en 2017 por su trabajo en la detección de ondas gravitacionales) me explicó recientemente parte de su motivación personal como científico:

«Cuando echamos la vista atrás a la época del Renacimiento y nos preguntamos cuál es el legado que nos dejaron nuestros antepasados de esa época, la mayoría respondemos: gran arte, gran arquitectura, gran música y el método científico. Del mismo modo, cuando nuestros descendientes dentro de varios siglos nos hagan la misma pregunta sobre el legado que les dejamos, creo que una gran parte de su respuesta será la comprensión del universo y de las leyes físicas que lo rigen».[34]

Mi propio trabajo en la ciencia no ha sido ni de lejos tan significativo como el de Thorne, pero puedo recordar mi profunda satisfacción en las pocas ocasiones en que he descubierto algo nuevo sobre el mundo físico. El perro del vecino que ladraba al otro lado de la calle, el dolor de cabeza y la pesadez por haber pasado la noche en vela, el té derramado que goteaba en el suelo, el moratón que recientemente me salió en la pierna por haberme golpeado con una silla… Todo parecía una ráfaga de viento comparado con las ecuaciones que acababa de escribir sobre el comportamiento de un gas caliente o un cúmulo de estrellas que orbitan alrededor de un agujero negro.

En la teología cristiana existe un concepto llamado «la Gran Cadena del Ser», que se refiere a una jerarquía de seres en la Tierra y en el cielo. En la cima de la escalera está Dios. Le siguen los ángeles, los seres humanos, los animales no humanos, las plantas y, por último, la materia inerte. El concepto se remonta a la *scala naturae* ('escalera de la vida') de Aristóteles. La Gran Cadena del Ser teológica establece un marco que engloba todo lo existente. Me gustaría sugerir una frase relacionada: la Gran Cadena de Conexión. En lugar de expresar una jerarquía vertical, esta frase se refiere a una red más horizontal: nuestro sentimiento de conexión con otros seres humanos, con la naturaleza y con el cosmos en su conjunto, un sentimiento de formar parte de algo mucho más grande que nosotros mismos. Ante nuestra inminente desaparición como individuos, ¿no es reconfortante sentirnos parte de algo más grande, de algo que perdura más allá de nuestras vidas individuales? Quizá solo el género *Homo* sea consciente de su mortalidad; sin duda, esa conciencia requiere un nivel superior de inteligencia.

La Gran Cadena de Conexión no es ajena a otro concepto que introduje en mi libro *Probable impossibilities* ('Imposibilidades probables'), un concepto que llamo *biocentrismo cósmico*.[35] Esa idea se refiere al parentesco de todos los seres vivos del universo, parentesco subrayado por la reciente comprensión científica de que la vida solo puede existir en el universo durante un periodo de tiempo relativamente limitado. Antes del comienzo de la era de la vida, los átomos complejos necesarios para la vida aún no se habían fabricado en las estrellas.

Después de la era de la vida, las estrellas se habrán consumido y todas las demás fuentes de energía disponibles para sustentar la vida se habrán agotado o habrán dejado de estar disponibles debido al fin del contacto entre galaxias. Además, la fracción de materia del universo en forma viva es extremadamente pequeña —una milmillonésima de una milmillonésima—, equivalente a unos pocos granos de arena en el desierto de Gobi. Por todas estas razones, la vida es preciosa, tanto en el tiempo como en el espacio.

Nubes cobrizas. El sinuoso remolino de una concha marina. El despliegue de matices de un arco iris. El reflejo de las estrellas en la piel de un estanque en calma por la noche. Gran parte de la naturaleza nos parece bella porque formamos parte de ella. Crecimos en la naturaleza, evolutivamente hablando. Por supuesto, también hay un componente cultural en la noción de belleza, sobre todo cuando se trata de la belleza física de las personas. Por ejemplo, los lóbulos de las orejas alargados son considerados bellos por los masai de Kenia. Durante siglos, los chinos ataron los pies de las niñas, creyendo que los pies pequeños eran bellos, femeninos y un signo de refinamiento. Pero algunos conceptos de belleza parecen universales y casi con toda seguridad subproductos de rasgos que benefician la supervivencia. El botánico y genetista

Hugo Iltis (1882-1952) escribió que «el amor del hombre por los colores naturales, los patrones y las armonías [...] debe ser el resultado en gran medida de la selección natural darwiniana a través de eones de tiempo evolutivo de mamíferos y antropoides».[36] No es difícil argumentar que la apreciación del color y la forma, así como de otros aspectos de la belleza tenían beneficios para la supervivencia en su relación con la atracción sexual. La fuerza primigenia y evolutiva de la atracción sexual, por supuesto, es la procreación, y la procreación tiene más éxito cuando ambos miembros de la pareja están sanos y vigorosos. La salud y el vigor, a su vez, se asocian con una forma corporal bien formada, piel suave, buen color, rasgos faciales llamativos y otros aspectos de la «belleza» corporal. De hecho, las reacciones neurológicas a la belleza activan en el cerebro algunos de los mismos centros de placer que la comida, el sexo y las drogas.

Tanto Darwin como Freud opinaban que nuestro sentido de la belleza se originó como una estrategia para promover la reproducción. En *El origen del hombre*, Darwin escribe:

«Cuando contemplamos a un pájaro macho exhibiendo profusamente sus vistosas plumas o sus espléndidos colores ante la hembra, mientras que otros pájaros, no adornados así, no hacen tal exhibición, es imposible dudar de que ella admira la belleza de su pareja masculina».[37]

Freud era reacio a comentar el significado de la belleza, excepto en su relación con el sexo:

«El psicoanálisis tiene menos que decir sobre la belleza que sobre la mayoría de las cosas. Su derivación de los

157

dominios de la sensación sexual es todo lo que parece cierto […]. La belleza y la atracción son ante todo los atributos de un objeto sexual».[38]

Como he mencionado antes, algunos aspectos de la espiritualidad, incluida la apreciación de la belleza, pueden ser subproductos de rasgos con beneficios para la supervivencia más que rasgos con beneficios para la supervivencia en sí mismos. La atracción por la belleza bien podría tener otras manifestaciones además de su relación con la atracción sexual. Así, nos parecen atractivos los colores del cielo justo después de la puesta de sol, los patrones formados por las constelaciones de estrellas o el silbido del viento a través de los árboles.

Nuestra sensibilidad hacia la belleza, combinada con nuestro parentesco con el mundo natural, tiene algunas manifestaciones e interconexiones estéticas sorprendentes. Por ejemplo, la proporción áurea. Biólogos, arquitectos, psicólogos y antropólogos llevan mucho tiempo observando que nos parecen especialmente agradables los rectángulos cuya proporción entre lado largo y lado corto es de aproximadamente 3:2. Esa proporción se aproxima a lo que se denomina *proporción áurea*.[39] Dos números están en dicha proporción si la relación entre el número mayor y el menor es la misma que la relación entre su suma y el número mayor. A partir de esta definición aparentemente sencilla, podemos determinar que la proporción áurea es aproximadamente 1,61803 (véase el valor exacto en las notas finales).

Ahora entramos en el reino de la magia. El matemático italiano del siglo XII Leonardo Fibonacci (*c.* 1170-1240) descubrió una interesante secuencia de números, llamada serie de Fibonacci:

0, 1, 1, 2, 3, 5, 8, 13, 21, 34, 55, …

Cada número de la secuencia después del cero es la suma de los dos números anteriores. Como puedes comprobar por ti mismo, el cociente entre un número de la sucesión y el anterior se aproxima a la proporción áurea a medida que pasamos a números cada vez mayores. Por ejemplo, 21/13 = 1,615; 34/21 = 1,619; 55/34 = 1,6176. Así que esta serie especial de números está estrechamente relacionada con la proporción áurea. Incluso llegados a este punto, cualquiera que aprecie las matemáticas puede ver mucha belleza en la proporción áurea y su relación con la serie de números de Fibonacci.

Sin embargo, esta magia natural es mucho más que eso. Consideremos una espiral construida por los cuartos de círculo que conectan las esquinas opuestas de una serie de cuadrados cada vez mayores cuyos lados son los números de la serie de Fibonacci, como se muestra en el siguiente diagrama:

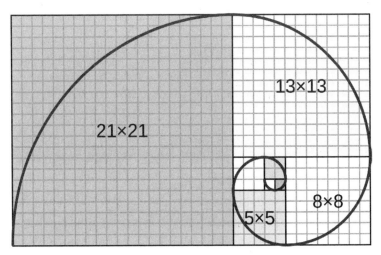

Espiral de Fibonacci, de Jahorbr, Wikimedia Commons.

Sorprendentemente, muchos organismos biológicos muestran esta espiral. Por ejemplo:

Concha marina.

Aloe polyphylla.

La proporción áurea, omnipresente en la naturaleza, resulta agradable al ojo humano. Los arquitectos, antiguos y modernos, la han incorporado a sus construcciones, a

Gran Pirámide de Giza,
fotografía de Nina, Wikimedia Commons.

veces inconscientemente. Por ejemplo, la Gran Pirámide de Guiza (2560 a. C.) tiene una altura oblicua de 186,3 metros y una longitud media base de 115,2 metros, con una proporción de 1,6172, casi exactamente igual a la proporción áurea.

La CN Tower de Toronto, la estructura independiente más alta del hemisferio occidental, tiene una plataforma de observación situada a 342 metros y continúa hacia

La CN Tower en Toronto,
fotografía de Diego Delso, Wikimedia Commons.

arriba otros 211 metros después. La relación entre estas dos longitudes es de 1,62, muy cercana a la proporción áurea. Evidentemente, la belleza de las matemáticas, las estructuras de los organismos en la naturaleza y nuestro sentido humano de la estética cantan al unísono la proporción áurea.

El ingeniero mecánico Adrian Bejan, de la Universidad de Duke, ha ofrecido una explicación evolutiva, basada en el ojo y el cerebro, de por qué nos resulta tan atractiva la proporción áurea.[40] Bejan sostiene que el ojo y el cerebro evolucionaron para maximizar la facilidad de flujo desde el plano visual al cerebro. Si consideramos un rectángulo de longitud horizontal l y altura h, el tiempo que tarda el ojo en escanear el área del rectángulo es menor cuando el ojo puede escanear la longitud horizontal en el mismo tiempo que tarda en escanear la vertical. Tras realizar un análisis de la geometría del ojo, Bejan llegó a la conclusión de que el ojo escanea en dirección horizontal aproximadamente 3/2 veces más rápido que en dirección vertical. Por tanto, el valor óptimo de l/h, que minimiza el tiempo necesario para escanear todo el rectángulo, es aproximadamente 3/2, no muy lejos de la proporción áurea.

A partir del análisis de Bejan no hay más que un paso para argumentar que, dado que muchos objetos de la naturaleza presentan la proporción áurea en su construcción, nuestros ojos habrían evolucionado de forma natural para optimizar el flujo de información al cerebro de los objetos que la encarnan. Y de ahí a argumentar por qué esta proporción es tan agradable a la vista hay otro paso corto. La proporción áurea está integrada en nosotros, igual que lo está en las conchas marinas y las plantas de aloe. Nuestra estética de la belleza es literalmente una expresión de nuestra unidad con la naturaleza.

Comprender estas explicaciones de por qué aprecio las cosas bellas, así como mi concepto de belleza, no disminuye en lo más mínimo mi placer y deleite al contemplar nubes cobrizas o conchas marinas en espiral o el reflejo de las estrellas en el agua. De hecho, esto incrementa mi placer, enfatizando mis conexiones con el mundo natural. Para mí, la elegancia de las matemáticas de la serie de Fibonacci, la presencia de esa belleza particular en las conchas marinas y las plantas, y mi propia afinidad biológica con esa belleza componen una pieza, una totalidad, una profunda conexión de todos los seres vivos. Todo forma parte de la Gran Cadena de Conexión.

Hace muchos años, llevé por primera vez al océano a mi hija, que entonces tenía dos años. Según recuerdo, tuvimos que caminar bastante desde el aparcamiento hasta el punto en que el océano se empezaba a ver. Por el camino, nos cruzamos con varias señales del mar: dunas de arena; conchas marinas; pinzas de cangrejo tostadas por el sol; delicados chorlitejos comunes que corrían y picoteaban, corrían y picoteaban, corrían y picoteaban; macizos de lavanda marina que crecían entre las rocas; y, de vez en cuando, una lata de refresco vacía. El aire olía salado y fresco. Mi hija siguió un camino en zigzag, acuclillándose aquí y allá para examinar una roca o una concha interesante. Luego subimos por la cresta de una última duna de arena. Y de repente, el océano apareció ante nosotros, silencioso y enorme, una piel turquesa que se extendía sin cesar hasta unirse con el cielo. Me preocupaba la reacción de mi hija ante su primera visión del infinito. ¿Estaría asustada, eufórica, indiferente? Por un momento, se quedó inmóvil. Pero luego esbozó una sonrisa.

En un artículo titulado «Approaching awe, a moral, spiritual, and aesthetic emotion» ('Aproximación a una emoción de asombro, moral, espiritual y estética'),[41] los psicólogos Dacher Keltner y Jonathan Haidt escriben que el asombro tiene dos características distintivas: «una percepción de inmensidad y una necesidad de acomodación, definida como la incapacidad de incorporar una experiencia a las estructuras mentales actuales». La primera de estas características está estrechamente relacionada con mi definición de espiritualidad. La segunda se refiere a presenciar algo que no comprendemos del todo, que nos lleva más allá de nuestras experiencias comunes. No nos sobrecoge el sonido de una puerta al cerrarse ni otros acontecimientos rutinarios de la vida cotidiana. A la «percepción de inmensidad» yo añadiría la percepción de estar en presencia de algo más grande, bueno y poderoso que nosotros mismos. En estos términos, la capacidad de asombro podría asociarse a la necesidad de pertenecer a algo mayor que nosotros y al aprecio por la belleza. Nos pueden sobrecoger los fenómenos naturales —como a mi hija el océano— y también nos pueden sobrecoger otros seres humanos. Personas más fuertes, más inteligentes, con más talento, más poderosas que nosotros. Nos asombran Superman, Albert Einstein y Marie Curie, Pablo Picasso, Carl Lewis y Michael Phelps, Jane Austen, Beethoven, Abraham Lincoln, Angela Merkel,

Jack Ma. Se podría argumentar que, para mejorar la supervivencia, los miembros de nuestras comunidades ancestrales se habrían dividido necesariamente en líderes y seguidores. Los miembros exitosos de un grupo deben reconocer y aceptar a sus líderes. En lo que respecta a la naturaleza, todos somos seguidores.

El funcionario público de la dinastía Tang y poeta Bai Juyi (772-846), de la China, expresó su admiración por el mundo tras ascender a la cima del monte Xianglu, cerca de Shaoxing (Zhejiang):

> Arriba, más arriba, el Pico del Incensario…
> Mis manos y mis pies cansados de buscar
> a tientas donde apoyarse.
> Vinieron conmigo tres de cuatro amigos,
> pero dos amigos no se atrevieron a ir más lejos.
> Por fin llegamos a la cima del pico;
> mis ojos se cegaron, mi alma se estremeció y se tambaleó.
> El abismo debajo de mí —diez mil pies—;
> el suelo que pisé, solo un pie de ancho.
> Si no ha agotado las posibilidades de ver
> y oír,
> ¿Cómo puedes darte cuenta de la amplitud del mundo?
> Las aguas del río parecían estrechas como una cinta,
> El castillo Peng, más pequeño que
> el puño de un hombre.[42]

Creo que la capacidad de asombro también incluye una apertura al mundo. La apertura, a su vez, requiere cierta humildad. Estar abierto al mundo es reconocer que hay cosas en él que aún no poseemos, cosas más grandes que nosotros, cosas que aún no entendemos (o que quizá nunca entendamos). Hace muchos años, el físico matemático Roger Penrose (ganador del Premio Nobel en 2020) me expresó su visión del mundo:

Supongamos que tienes algo en la naturaleza que intentas comprender, y finalmente puedes entender sus implicaciones matemáticas y apreciarlo. Sin embargo, siempre hay un significado más profundo […] una vez que has puesto más y más de tu mundo físico en una estructura matemática, te das cuenta de lo profunda y misteriosa que es dicha estructura. Cómo puedes sacar todas estas cosas de ella es muy misterioso.[43]

Volviendo al concepto hindú de *darshan*, que literalmente significa 'contemplar' en sánscrito, su significado más completo es la experiencia de contemplar una deidad o un objeto sagrado. Para Penrose, las matemáticas son ese objeto sagrado. Para Bai Juyi, era la vista desde la cima de una montaña. Para mí en la primera mañana en Maine, fue el aire resplandeciente. Para mi hija de dos años, el océano. La experiencia del *darshan* se considera recíproca. Cuando nos abrimos al mundo y rendimos homenaje a lo que es más grande que nosotros mismos, recibimos una bendición del mundo exterior. Recibimos algo a cambio. Nosotros mismos nos enriquecemos con la comprensión más amplia del cosmos y de nuestro lugar en él.

El último aspecto de mi noción de espiritualidad, que he denominado *trascendente creativo*,[44] quizá no tenga las mismas raíces evolutivas que los demás, pero bien podría ser un subproducto del impulso de exploración y descubrimiento: encontrar nuevos territorios de caza, nuevos manantiales de agua, nuevas fuentes de alimento. Un cuadro, una composición musical, un poema, una idea novedosa, una idea repentina sobre cómo decorar una habitación… ¿No son todos exploraciones de algún tipo? ¿Y qué exploramos exactamente? Sugiero que, en la experiencia creativa trascendente, exploramos tanto el mundo exterior, más allá de nosotros mismos, como el mundo interior de nuestra mente. Exploramos nuestras capacidades ocultas. Cuando creamos, descubrimos cosas nuevas sobre nosotros mismos. Encontramos puertas secretas. Y, quizá lo más importante, descubrimos nuevas conexiones entre nosotros y el resto del cosmos.

Como he mencionado antes, la trascendencia creativa, al igual que otras experiencias trascendentes, implica una pérdida total del yo y de la corporeidad. Según las ideas de «vacuidad» del budismo Mahāyānda (tibetano), el *yo* es una ilusión. Y el ego es un obstáculo. De hecho, en el budismo, todo el sufrimiento se atribuye al excesivo apego de nuestro ego a las cosas que hacemos. Y ese ego, o sentido del yo, desaparece durante la experiencia creativa trascendente. Durante el momento creativo, no tenemos sentido de nuestro yo, de nuestro cuerpo, ni siquiera del tiempo y el espacio. Simplemente estamos en la zona. Hemos entrado en un estado de visión pura, como menciona Bai Juyi en su poema. Esta experiencia va acompañada de un desprendimiento. Al menos temporalmente, olvidamos nuestras preocupaciones, dejamos atrás las prisas y el ajetreo constantes del mundo. Sin cuerpo, viajamos a otro espacio. Tengo la tentación de llamarlo espacio etéreo, pero como soy materialista, creo que ese otro espacio está enraizado en el cerebro material. Dicho esto, el cerebro material es capaz de cosas maravillosas. Y el viaje parece cómodo. No luchamos en la trascendencia creativa. Nos deslizamos.

En 1926, el psicólogo social y pedagogo británico Graham Wallas propuso que el pensamiento creativo sigue una serie de etapas: preparación, incubación, iluminación y, por último, verificación. En la etapa de preparación, la persona hace sus deberes o investiga en un campo o forma de arte o cualquier otro empeño, domina las herramientas del oficio y define algún problema. En la fase de incubación, la persona reflexiona sobre el problema de varias maneras, a veces inconscientemente. En la fase de iluminación, la persona alcanza una nueva percepción o cambia de perspectiva. Y en la etapa de verificación, la persona pone a prueba la intuición y resuelve las consecuencias. La trascendencia creativa se produciría durante las etapas de incubación e iluminación. He aquí algunos relatos personales.

El primero es del ilustre matemático Henri Poincaré (1854-1912). La creatividad matemática es un interesante caso especial de trascendencia creativa. Practicantes y filósofos no se ponen de acuerdo sobre si la verdad matemática existe en el mundo, independientemente de la mente humana —en cuyo caso los matemáticos descubren lo que ya existe, como si se toparan con un nuevo océano— o si las ideas, teoremas y funciones matemáticas se inventan en la mente del matemático. En cualquier caso, Poincaré escribió estas palabras sobre una de sus experiencias creativas:

> Todos los días me sentaba en mi mesa de trabajo, me quedaba una o dos horas, probaba un gran número de combinaciones y no llegaba a ningún resultado. Una noche, contrariamente a mi costumbre, bebí café solo y no pude dormir. Las ideas surgían en tropel; las sentía chocar hasta que los pares se entrelazaban, por así decirlo, formando una combinación estable. A la mañana siguiente había establecido la existencia de una clase de funciones fuchsianas.[45]

La pintura es una forma más familiar de actividad creativa, que requiere tanto una formación disciplinada como una inspiración espontánea. Siguiendo la descripción de Wallas, mi mujer pasó diez años estudiando el oficio, dibujando bustos de escayola para dominar la luz y la sombra y los bordes redondeados; ahora, como profesional, a veces decide espontáneamente añadir un acento de rojo en la esquina de un bodegón para aportar equilibrio e interés. El pintor Paul Ingbretson (1949-), líder contemporáneo de la Escuela de Boston de Arte americano y expresidente del Gremio de Artistas de Boston, me dijo:

Toda mi conciencia [mientras pinto] se fija en el ejercicio de la búsqueda de la semejanza y la belleza. Obtengo recompensas cada veinte minutos más o menos, a medida que cumplo pequeñas misiones y veo el conjunto a la vista. Un poco de subidón, sí. Siempre soy el vehículo consciente, siempre me someto a traer la belleza de la cosa en sí. Mi trabajo es quitarme de en medio. Y de ese modo, me pierdo […] Siempre que me acerco a la magia, sé que es algo más grande que yo. Incluso la verdad no es más que un vehículo para la belleza. Recuerdo que la primera vez que vi la belleza de tres colores como una unidad, pensé que esto era demasiado para mí, como Tierra Santa, tal vez. Recordé a Moisés quitándose los zapatos ante la zarza ardiente. Así, sí.[46]

La creatividad científica se sitúa entre el descubrimiento y la invención. Ya existe una gran cantidad de hechos establecidos sobre el mundo que no se pueden eludir a la hora de inventar nuevas teorías, lo que el físico Richard Feynman describió como crear con una camisa de fuerza puesta. La creatividad científica tiene lugar en la frontera entre lo conocido (los hechos acumulados de experimentos anteriores) y lo desconocido (regiones del mundo físico que aún no se han explorado). En su autobiografía, el físico Werner Heisenberg (1901-1976) describe el momento trascendental en que se dio cuenta de que su nueva teoría de la mecánica cuántica lograría describir el mundo oculto del átomo. A finales de mayo de 1925, tras meses de batallar con su teoría, enfermó de fiebre del heno y pidió una excedencia de dos semanas en la Universidad de Gotinga.

> Me dirigí directamente a Heligoland, donde esperaba recuperarme rápidamente con el vigorizante aire del mar […] Aparte de los paseos diarios y los largos baños, en Heligoland no había nada que me distrajera de mi problema […] Cuando los primeros términos [de las ecuaciones matemáticas] parecieron coincidir con el principio de la energía, me emocioné bastante y empecé a cometer innumerables errores aritméticos. Como resultado, pasaron casi las tres de la mañana antes de que tuviera ante mí el resultado final de mis cálculos […] Al principio, me alarmé profundamente. Tenía la sensación de que, a través de la superficie de los fenómenos atómicos, estaba viendo un interior extrañamente bello, y casi me daba vértigo pensar que ahora tenía que sondear esta riqueza de estructuras matemáticas que la naturaleza había extendido tan generosamente ante mí. Estaba demasiado excitado para dormir.[47]

En las artes literarias, los escritores no pueden planear completamente las acciones de sus personajes, pues de lo contrario no cobrarían vida. Debe haber un elemento de sorpresa, incluso para el escritor. El escritor debe desaparecer, o al menos ser una mosca en la pared, escuchando hablar a sus personajes en lugar de decirles lo que tienen que decir. En un discurso pronunciado ante la National Society for Women's Service a principios de 1931, la novelista Virginia Woolf describió así su proceso creativo:

> El principal deseo de un novelista es ser lo más inconsciente posible [...] Quiero que me imaginen escribiendo una novela en estado de trance. Quiero que se imaginen a una chica sentada con una pluma en la mano que, durante minutos, y de hecho durante horas, nunca moja en el tintero. La imagen que me viene a la mente cuando pienso en esta muchacha es la de un pescador que yace hundido en sueños al borde de un profundo lago con la caña extendida sobre el agua [...] dejando que su imaginación recorra sin freno cada roca y cada recoveco del mundo que yace sumergido en las profundidades de nuestro ser inconsciente.[48]

Aunque los relatos anteriores proceden de científicos y artistas profesionales, todos hemos experimentado algunos aspectos de la trascendencia creativa: desde decorar una habitación hasta tocar el piano, diseñar un plan de marketing o dar a luz a un hijo.

Terminaré con un ejemplo de mis propias experiencias con lo creativo trascendente. Uno de mis primeros problemas de investigación como estudiante graduado en física se refería a la fuerza de la gravedad: la cuestión de si el hecho observado experimentalmente de que todos los objetos caen con la misma aceleración es lo suficientemente poderoso como para descartar un grupo de teorías de la gravedad, llamadas *teorías no métricas*, en competencia con la teoría de Einstein. En el gran esquema de la física, no era una pregunta tan trascendental, pero no había sido respondida previamente. Tras un periodo inicial de estudio y trabajo, había conseguido escribir todas las ecuaciones que era necesario resolver. Entonces me di contra un muro. Sabía que me había equivocado, porque un resultado a mitad de camino no salía como debía, pero no conseguía encontrar mi error. Día tras día, comprobaba cada ecuación, paseándome de un lado a otro en mi pequeño despacho sin ventanas, pero no sabía qué estaba haciendo mal, qué me había pasado por alto. Entonces, una mañana, recuerdo que era domingo, me desperté sobre las cinco y no podía dormir. Me sentía extremadamente excitado. Algo estaba pasando en mi mente. Estaba pensando en mi problema de física, y estaba viendo profundamente en él. Y yo no tenía absolutamente ningún sentido de mi cuerpo. Fue una experiencia estimulante, una especie de éxtasis, una experiencia sin ego.

La analogía física más cercana que he experimentado a este momento creativo es lo que ocurre a veces cuando se navega en un barco de fondo redondo con viento fuerte. Normalmente, el casco de un barco permanece hundido en el agua y la fricción limita mucho la velocidad. Pero con viento fuerte, de vez en cuando, el casco de este tipo de barcos se eleva fuera del mar, se pone encima del agua y la resistencia por fricción desciende hasta casi cero. Entonces salta hacia delante. Es como si una mano gigantesca hubiera agarrado el mástil y hubiera empujado la embarcación hacia delante. Vas rozando el agua como una piedra lisa. Se llama planear. Esta mañana me he despertado planeando. Algo me había atrapado, pero no había un «yo».

Con estas sensaciones a flor de piel, salí de mi habitación de puntillas, casi a modo de reverencia, temeroso de perturbar la extraña magia que se estaba produciendo en mi cabeza, y me dirigí a la mesa de la cocina, donde yacían ante mí mis arrugadas páginas de cálculos. En pocas horas había encontrado el error y resuelto mi problema de física. Había descubierto una pequeña verdad sobre el cosmos, algo oculto hasta que yo lo encontré. Y, sin embargo, el «yo», o al menos el ego, estaba ausente durante el descubrimiento.

Es una mañana fresca y nublada de junio, y estoy navegando en kayak en una de mis calas favoritas de la costa de Maine. El cielo es blanco, la nada infinita. La escarpada costa se curva hacia dentro y hacia fuera. Más allá de la línea errante donde el agua se encuentra con la tierra, los arbustos bajos se transforman en árboles. A lo lejos, una casa de madera se asienta en lo alto, aparentemente abandonada pero todavía encantadora con su tejado rojo moteado y sus jardineras.

Hacer kayak es una actividad meditativa. El ritmo de las brazadas es como la respiración consciente del budismo. Moja la pala derecha, luego la izquierda, luego la derecha, luego la izquierda... Despacio, despacio. Mi kayak se desliza por el agua sin hacer ruido. Derecha, luego izquierda, luego derecha, luego izquierda. La orilla se funde en una mancha verde y naranja, un cuadro abstracto. Derecha, izquierda, derecha, izquierda. Me tomo un momento para romper este hechizo y escribir mis pensamientos (en un pequeño cuaderno que llevo durante las excursiones marinas). Ahora estoy de vuelta en mi cuerpo, de vuelta en mi cerebro consciente. ¿Es este el mundo real y el otro un mundo de ilusión? O tal vez al revés. Como he llegado a comprender, una característica común de todos los aspectos de la espiritualidad es la pérdida de uno mismo, el dejarse llevar, la voluntad de abrazar algo fuera de nosotros, la voluntad de escuchar en lugar de hablar, el reconocimiento de que somos pequeños y el cosmos es grande. Por un momento, dejo de remar y escucho. Creo oír los suaves latidos de mi corazón. ¿O es el suave batir de las olas en la orilla?

MIS ÁTOMOS Y LOS TUYOS

Ciencia y espiritualidad en el mundo actual

Vivimos en la era de la ciencia y la tecnología: teléfonos inteligentes, antibióticos y va-
cunas, aviones, ingeniería genética, ordenadores, el *big bang*, la división del átomo,
naves espaciales a Marte, física cuántica, coches que se
conducen solos, láseres… En los últimos años, algunos
de estos avances —aunque innegablemente beneficio-
sos para nuestro avance como especie emprendedora—
han polarizado aún más a una sociedad ya de por sí
polarizada.

En un extremo está la creencia de que la ciencia tiene
todas las respuestas, no solo para hacer aterrizar a hombres y mujeres en la Luna, sino también para estructurar
gobiernos y economías, decidir si un asesino debe recibir

la pena capital y muchas otras cuestiones sociales, morales e incluso estéticas. Según esta forma de pensar, a veces llamada *positivismo lógico* y a veces *cientificismo*, si un asunto o fenómeno no es susceptible de análisis científico, no tiene valor. Cualquier cosa que no pueda medirse, pesarse y contarse no merece la pena. A las personas de este grupo se les acusa de quitarle el alma a la experiencia humana.

En el otro extremo se encuentran las personas que desconfían no necesariamente de la ciencia en sí, sino de las instituciones científicas y de sus sacerdotes. Este grupo asocia las universidades, los laboratorios y los profesores de ciencia con la élite que ha usurpado la vida de los trabajadores de a pie. Este grupo forma parte del movimiento populista global de los últimos años. A las personas que se alinean con esta opinión, a veces denominadas *anticientíficas*, se les acusa de desestimar los hechos y las pruebas que entran en conflicto con sus creencias. En los últimos años, hemos visto cómo tales acusaciones se validaban en parte en la negación del cambio climático de origen humano y del resultado de las elecciones presidenciales.

Por supuesto, muchos de nosotros nos situamos en algún punto entre estos dos extremos: la ciencia y sus profesionales pueden, en efecto, responder a muchas preguntas, pero no a todas, y no a las que se refieren a cuestiones sociales, morales y estéticas. La mayoría de los científicos aceptan el valor y la validez de la experiencia humana.

Los propios científicos han exacerbado a veces involuntariamente las opiniones de los dos extremos. En efecto, las instituciones científicas son privilegiadas. El conocimiento de la ciencia y la tecnología tiene un gran poder sobre nuestras vidas, aunque solo una pequeña fracción de nosotros tiene la formación técnica para dominar ese conocimiento. Los científicos podrían hacer un mejor trabajo a la hora de acercarse y tratar de comprender al bando anticientífico. Y los anticientíficos podrían intentar comprender mejor los métodos de la ciencia y la forma en que los científicos adquieren conocimientos.

Hay una cuestión relacionada que este libro trata de abordar, al menos tangencialmente. En los últimos años, un grupo de científicos y filósofos ha intentado utilizar argumentos científicos para socavar la creencia en Dios. A estas personas se les llama «los nuevos ateos». En septiembre de 2018,[1] debatí con el más prominente de los nuevos ateos, Richard Dawkins, en el Imperial College de Londres. En mi discurso de apertura, describí algunas de mis experiencias trascendentes personales y luego pasé a decir que tales experiencias espirituales son parte de la profunda corriente de sentimiento y respuesta al mundo que ha fluido a través de la condición humana durante miles de años: en la pintura, en la música, en la literatura, en el amor. Se puede ver en las pinturas de cromañón en las cuevas de Les Eyzies y Lascaux. Se oye en la *Eroica* de Beethoven. Las experiencias trascendentales no pueden entenderse cuantitativamente, ni siquiera lógicamente; desde luego, no del mismo modo en que un físico puede calcular el número de segundos que tardará una pelota en caer al suelo cuando se deja caer desde una altura de dos metros. Tras mis observaciones iniciales, Dawkins se dirigió al podio y dijo que yo no podía «superarlo».[2] Por supuesto, dijo, él mismo había experimentado momentos así. Pero cuando se trata de creencias religiosas, parte de las cuales seguramente se derivan de los mismos deseos e impulsos que subyacen a las experiencias trascendentes, Dawkins desprecia a las personas de fe como «no pensadores» y califica la religión de «tontería». Semejante actitud por parte de un destacado portavoz del *establishment* científico no hace sino aumentar la división entre distintos grupos de personas.

La ciencia nunca podrá refutar la existencia de Dios, ya que Dios podría existir fuera del universo físico. La religión tampoco puede probar la existencia de Dios, ya que cualquier fenómeno o experiencia atribuidos a Dios podrían, en principio, encontrar explicación en alguna causa no teísta. Lo que sugiero aquí es que podemos aceptar una visión científica del mundo y, al mismo tiempo, abrazar ciertas experiencias que no pueden ser plenamente captadas o comprendidas por los fundamentos materiales del mundo. Puede que esta perspectiva no sea la preferida por todos, pero a muchos nos ofrece una forma de estar en el mundo que afirma tanto la ciencia como la espiritualidad. Lo que necesitamos es un equilibrio entre el deseo de saber cómo funciona el mundo —la fuerza motriz de la ciencia— y la voluntad de entregarnos a algunas cosas que quizá no conozcamos del todo. Como decía al principio de este libro, los seres humanos somos a la vez experimentalistas y experimentadores.

Una de mis frases favoritas de Einstein, publicada por primera vez en 1931, es: «La experiencia más bella que podemos tener es la misteriosa. Es la emoción fundamental que está en la cuna del verdadero arte y de la verdadera ciencia».[3] ¿Qué quería decir Einstein con «lo misterioso»? No creo que se refiriera a lo sobrenatural o a lo incognoscible para siempre. Creo que se refería a ese reino mágico entre lo conocido y lo desconocido, un lugar que provoca y estimula nuestra creatividad y nos llena de asombro. Científicos y artistas, creyentes y no creyentes, pueden situarse en el precipicio entre lo conocido y lo desconocido, sin miedo, sin ansiedad, sino con asombro y maravilla ante este extraño y hermoso cosmos en el que nos encontramos.

Cuando estudiaba física en la universidad, aprendí por qué el cielo es azul. La razón es que cuando la luz solar, compuesta por un espectro completo de colores, incide en las moléculas de aire, los electrones de esas moléculas responden de tal manera que las longitudes de onda más cortas, hacia el extremo azul del espectro, se dispersan hacia los lados con mucha más fuerza que las longitudes de onda más largas. Cuando miramos lejos del Sol, solo vemos luz dispersa. Este fenómeno se conoce como *dispersión de Rayleigh*, que debe su nombre a la primera persona que estudió los detalles en 1871, el físico británico Lord Rayleigh (John William Strutt). En sus cálculos, Lord Rayleigh utilizó las ecuaciones del electromagnetismo descubiertas recientemente por James Clerk Maxwell (véase el capítulo 2). ¿Y de dónde proceden esas ecuaciones? Son necesarias para describir el comportamiento de un determinado campo de energía y sus simetrías. ¿Y por qué deberían existir tales campos de energía y simetrías? Para eso, podríamos preguntar a Roger Penrose, quien podría decir que todo es matemático. Y, sin embargo, añade: «Cómo se pueden sacar todas estas cosas [de las matemáticas] es muy misterioso». Si tiras del hilo lo suficiente, al final llegas a lo misterioso. Cuando a los veinte años supe por qué el cielo es azul, mi asombro ante el universo no disminuyó.

Terminaré con un retrato final del materialismo espiritual, tal como yo lo veo. Hay muy buenas pruebas científicas de que todos los átomos de nuestro cuerpo —excepto el hidrógeno y el helio, los dos átomos más pequeños— fueron fabricados en el centro de las estrellas. Si pudiéramos etiquetar cada uno de los átomos de nuestro cuerpo y seguirlos hacia atrás en el tiempo, a través del aire que respiramos durante nuestra vida, a través de los alimentos que ingerimos, a través de la historia geológica de la Tierra, a través de los antiguos mares y suelos, hasta la formación de la Tierra a partir de la nube nebular solar, y luego hacia el espacio interestelar, podríamos rastrear cada uno de nuestros átomos, esos átomos exactos, hasta estrellas masivas concretas en el pasado de nuestra galaxia. Al final de sus vidas, esas estrellas explotaron y arrojaron al espacio sus átomos recién forjados, que más tarde se condensarían en planetas y océanos y plantas y en tu cuerpo en este momento. Hemos visto esas explosiones estelares con nuestros telescopios y sabemos que ocurren.

Si en lugar de retroceder en el tiempo me permito avanzar hasta mi muerte y más allá, lo que pasaría sería que los átomos de mi cuerpo permanecerían, solo que estarían dispersos. Esos átomos no sabrían de dónde vienen, pero habrán sido míos. Algunos formarán parte del recuerdo de mi madre bailando *bossa nova*. Algunos formarán parte del recuerdo del olor a vinagre de mi primer apartamento. Algunos habrán formado parte de mi mano. Si pudiera etiquetar cada uno de mis átomos en este momento, imprimir en cada uno mi número de la Seguridad Social, alguien podría seguirlos los próximos mil años mientras flotaban en el aire, se mezclaban con la tierra, se convertían en partes de plantas y árboles concretos, se disolvían en el océano y volvían a flotar en el aire. Y algunos se convertirán, sin duda, en partes de otras personas, de personas concretas. Así pues, estamos literalmente conectados a las estrellas y a las futuras generaciones. De este modo, incluso en un universo material, estamos ligados a todas las cosas futuras y pasadas.

AGRADECIMIENTOS

Agradezco a Rebecca Goldstein y a Christian Mandl sus útiles comentarios y opiniones sobre el manuscrito. Agradezco a Christof Koch y a Cynthia Frantz sus conversaciones conmigo. Agradezco a mi agente literaria, Deborah Schneider, su constante entusiasmo por mi trabajo. Agradezco a mi nuevo editor en Pantheon, Edward Kastenmeier, su excelente orientación y sus sugerencias editoriales.

Por último, quiero rendir homenaje a mi antiguo editor en Pantheon, Dan Frank, que dejó este mundo, y a todos nosotros, demasiado pronto.

NOTAS

INTRODUCCIÓN

1. Alan Lightman, «Does God exist?», Salon, 2 de octubre de 2011. Véase la refutación y acusación de que soy apologista de la religión en «When Atheists Fib to Protect God», por Daniel Dennett, Salon, 11 de octubre de 2011.

2. Recientemente, mantuve un diálogo moderado con el distinguido erudito islámico Osman Bakar en la Cumbre Internacional Big Think en Malasia, el 10 de octubre de 2021. El profesor Osman discrepó rotundamente conmigo en que no podemos demostrar la existencia de Dios, afirmando que la «revelación», tanto en los libros sagrados como en la experiencia personal, demuestra que sabemos que Dios existe.

CAPÍTULO 1: EL *KA* Y EL *BA*: BREVE HISTORIA DEL ALMA, LO INMATERIAL Y LA DUALIDAD MENTE-CUERPO

1. Lavater y Lessing visitan a Moses Mendelssohn (1856) es de Moritz D. Oppenheim.

2. Israel Abrahams, «Mendelssohn, Moses», Encyclopaedia Britannica, ed. 11ª (Cambridge, Reino Unido: Universidad de Cambridge, 1911).

3. Una excelente biografía de Mendelssohn, pero que carece de un conjunto completo de referencias y fuentes, es Shmuel Feiner, Moses Mendelssohn, Sage of Modernity (New Haven: Yale University Press, 2010).

4. Ibid, p. 200.

5. Moses Mendelssohn, *Fedón o sobre la inmortalidad del alma.* Diputación de Valencia, 2006. (Original: *Phädon, or the Immortality of the Soul*, Peter Lang Publishing, 2007, p. 42.)

6. Ibid., p. 120.

7. Feiner, *Moses Mendelssohn*, p. 77.

8. «Un combate de boxeo musical de pesos pesados: Franz Liszt vs. Felix Mendelssohn», Interlude, 3 de marzo de 2020, https://interlude.hk/a-heavy weight-musical-boxing-match-franz-liszt-vs-felix-mendelssohn/

9. Mendelssohn, *Fedón* (*Phädon*, p. 18.)

10. *The Ancient Egyptian Pyramid Texts*, ed. 2ª (Atlanta: SBL Press, 2015), p. 34.

11. Mendelssohn, *Fedón*.

12. Ibid., *(Phädon*, p. 83.)

13. Para la filosofía china sobre el alma, véase, por ejemplo, https://www.encyclopedia.com/environment/encyclopedias-almanacs-transcripts-and-maps/soul-chinese-concepts.

14. Srimad-Bhagavatam 7.2.22, https://prabhu pada.io/books/sb/7/2/22.

15. El Dalai Lama habla del «espacio interior» budista en el programa de la televisión pública *Infinite Potential: The Life and Ideas of David Bohm* (2020) dirigido por Paul Howard.

16. https://www.pewresearch.org/fact-tank/ 2015/11 /10/most-americans-believe-in-heaven-and-hell/.

17. https://d25d2506sfb94s.cloudfront.net/cumulus _uploads/document/wo6pg9rb3c/Results%20 for%20YouGov%20RealTime%20(Halloween %20Paranormal)%20237%2010.1.2019.xlsx%20 %20[Group].pdf.

18. Platón, *Fedón.* Traducción de Carlos García Gual. Editorial Gredos, 2014. (Original: *en Great Books of the Western World,* vol. 7. Chicago: Encyclopaedia Britannica, 1952, p. 231.)

19. San Agustín, *Obras completas de San Agustín. XIa: Cartas (2.ª): 124-187* carta 166.2.4. Traducción y notas de Lope Cilleruelo. Biblioteca Autores Cristianos, 1987. (Original: *Letters 156–210.* Nueva York: New York City Press, 2004).

20. Augustine, *Greatness of the Soul* 13.22 en *The Greatness of the Soul, The Teacher,* eds. Johannes Quasten y Joseph Plumpe (Nueva York: The Newman Press, 1950).

21. Santo Tomás de Aquino, *Suma teológica I-II.* Biblioteca Autores Cristianos, 2010. (Original: *Summa Theologica,* «Treatise on Man» qu. LXXV en *Great Books of the Western World,* vol. 19 Chicago: Encyclopaedia Britannica, 1952, pp. 378–79).

22. Ibid., cuestión LXXVII, p. 406.

23. René Descartes, *Discurso del método*. Alianza editorial, 2011. (Original: *Discourse on the Method of Rightly Conducting the Reason and Seeking for Truth in the Sciences*, 1637, en *Great Books of the Western World*, vol. 31. Chicago: Encyclopaedia Britannica, 1952, pp. 51–52).

24. René Descartes, *Tratado de las pasiones del alma*. Editorial Austral, 2017. (Original: *The Passions of the Soul*, parte 1, art. 30 (Indianápolis: Hackett Publishing Company, 1989, p. 35).

25. J. C. Eccles, «Hypotheses Relating to the Brain-Mind Problem» *Nature*, 168, julio 14, 1951 (4263): 53–57.

26. En Leibniz's *Theodicy* (1711). Véase Gottfried Leibniz, *Discourse on Metaphysics and Other Essays*, traducción y edición de Daniel Garber y Roger Ariew (Indianapolis: Hackett, 1991), pp. 3–55.

27. Gottfried Leibniz, Monadology (Edimburgo: Edinburgh University Press, 2014), axiom 3.

28. https://www.youtube.com/watch?v=rWeFuPn-VRGw.

29. Rabbi Micah Greenstein, entrevista con AL, 5 de enero de 2016.

30. Mendelssohn, *Fedón* (*Phädon*, p. 83.)

31. *Feiner*, Moses Mendelssohn, pp. 31–32.

32. David Hume, «Of Miracles» en An Enquiry Concerning Human Understanding (1748), en Harvard Classics, vol. 37 (Cambridge, MA: Harvard University Press: 1910), p. 403.

33. Lorraine Daston y Katharine Park, *Wonders and the Order of Nature* (Nueva York: MIT Press/Zone Books, 1998).

34. Para una revisión del modelo cosmológico de inflación eterna caótica de Linde, véase Andrei Linde, «The Self-Reproducing Inflationary Universe», Scientific American, noviembre de 1994.

CAPÍTULO 2: *PRIMORDIA RERUM*.
BREVE HISTORIA DEL MATERIALISMO

1. Véase https://www.thecollector.com/death-in-ancient-rome/.
2. Tucídides, *Historia de la guerra del Peloponeso.* Editorial Crítica, 2013. (Original: *History of the Peloponnesian War*, 2.49, en Great Books of the Western World, vol. 6. Chicago: Encyclopaedia Britannica, 1952).
3. De *Gorgias*, uno de los diálogos de Platón en *Diálogos: Gorgias, Fedón, El Banquete.* Editorial Austral, 2010. (Original: *Great Books of the Western World*, vol. 7. Chicago: Encyclopaedia Britannica, 1952, pp. 292–93).
4. Virgilio, *Eneida*, libro VI, Proyecto Gutenberg 1995, https://www.gutenberg.org/files/228/228-h /228-h.htm.
5. Lucrecio, *De rerum natura. De la naturaleza.* Editorial Acantilado, 2012 (Original. *De rerum natura*, libro III, 435–40. Cambridge, MA: Harvard University Press, 1982, p. 221; 830, p. 253).
6. Cicerón, *Cartas a los familiares.* Vol I. Biblioteca Clásica de Gredos, 2009. (Original: *Epistulae ad quintum fratrem* 2.10.3, en *Letters to Friends*, Volumen I: Cartas 1–113, edición y traducción de D. R. Shackleton Bailey. Loeb Classical Library Cambridge, MA:

Harvard University Press, 2001, p. 205). La frase completa de Cicerón a su hermano Quinto fue: *Lucreti poemata, ut scribis, ita sunt, multis luminibus ingeni, multae tamen artis.*

7. Poggio Bracciolini y la historia de cómo rescató *De rerum natura* se describen en el maravilloso libro *El giro: De cómo un manuscrito olvidado contribuyó a crear el mundo moderno* (Crítica, 2014) de Stephen Greenblatt. (Original: *The Swerve: How the World Became Modern.* Nueva York: W. W. Norton, 2011).

8. Lucrecio, *De rerum natura*, libro VI, 160–62, p. 505.

9. Rudolf Helm, Werke, Band 7, *Die Chronik des Hieronymus/Hieronymi Chronicon* (Berlin, Boston: De Gruyter, 2013), p. 149. También Lucretius (Cambridge, MA: Harvard University Press, 1982), p. x.

10. Lucrecio, *De rerum natura*, libro III, 425–40, pp. 221–23.

11. Ibid., 451–52, p. 223.

12. https://www.pewresearch.org/fact-tank/2015/11/10/most-americans-believe-in-heaven-and-hell/.

13. Wang Ch'ung, *Lun Heng*, parte 1 (Londres: Luzac and Co., 1907), p. 207; «From the time», p. 193.

14. *Alhacen's Theory of Visual Perception*, libro I, 6.54, vol. 2 (Philadelphia: American Philosophical Society, 2001), p. 372.

15. Para más información sobre Barthez, véase su entrada en el *Dictionary of Scientific Biography*, vol. 1 (Nueva York: Charles Scribner's Sons, 1981), p. 478.

16. Jöns Jacob Berzelius, *Lärbok i kemien* (1808), traducido y citado en Henry M. Leicester, «Berzelius»,

Dictionary of Scientific Biography, vol. 2 (Nueva York: Charles Scribner's Sons, 1981), p. 96.

17. Jean Antoine Chaptal, *Chemistry Applied to Arts and Manufactures*, vol. 1, trans.W. Nicholson (Londres: Richard Phillips, 1807), p. 50.

18. John Milton, *El Paraíso perdido*. Ediciones Cátedra, 2006. (Original: *Paradise Lost* [1658–63], libro VIII, en *Harvard Classics*, vol. 4, ed. Charles W. Eliot. Nueva York: P. F. Collier & Son, 1937, p. 245).

19. Traducción de Jacques Roger en *Dictionary of Scientific Biography*, vol. 2 (Nueva York: Charles Scribner's Sons, 1981), pp. 577, 579.

20. «On Floating Bodies» (ca. 250 BC), en *The Works of Archimedes*, ed. T. L. Heath (Cambridge: Cambridge University Press, 1897), libro I, prop. 5.

21. Para la ley de Galileo sobre la caída de los cuerpos, véase *Dialogues Concerning the Two New Sciences, third day, theorem II, prop. 2*, en *Great Books of the Western World*, vol. 28 (Chicago: Encyclopaedia Britannica, 1952), p. 206.

22. Galileo Galilei, *Sidereus nuncius* (1610) en latín original, traducido y anotado por Albert Van Helden (Chicago: University of Chicago Press, 1989), p. 36.

23. *Galileo, Opere*, 11, no. 675, 295–97, p. 296, traducido por John Michael Lewis en *Galileo in France: French Reactions to the Theories and Trial of Galileo* (Nueva York: Peter Lang Publishing, 2006) p. 94.

24. Aristóteles, *Acerca del cielo*. Biblioteca Clásica Gredos, 2016. (Original: *On the Heavens*, libro I, ch. 3, traducido del griego por W. K. C. Guthrie, en The Loeb Classical Library, vol. 6. Cambridge, MA: Harvard University Press, 1971, pp. 23–25).

25. Richard Feynman, *The Character of Physical Law* (Cambridge: MIT Press, 1965), p. 14.

26. *Annalen der Chemie und Pharmacie* 42 (1843), traducción del francés de G. C. Foster en *Philosophical Magazine*, 4, vol. 24 (1862), p. 271; reimpreso en *A Source Book in Physics*, ed. W. F. Magie (Nueva York: McGraw-Hill, 1935), pp. 197–201.

27. Lucrecio, *De rerum natura*, libro I, 107–110, p. 13.

28. Ibid., libro II, 216–60, pp. 113–15.

29. Ibid., libro II, 1067–176, p. 179.

30. Platón, *Fedón*, 2014 (Original: *Phaedo*, en Harvard Classics, vol. 2. Nueva York: P. F. Collier & Son, 1909, p. 51).

31. San Agustín, *Sobre la Trinidad*. Traducción de Joaquín de la Sierra. Editorial Motmot, 2024. (Original: *On the Trinity*, libro XIII, cap. 8. Edmond, OK: Veritas Splendor Publications, 2012), http://www.logoslibrary.org/augustine/trinity/1308.html.

32. De dos mil médicos en ejercicio, «Survey Shows That Physicians Are More Religious Than Expected», University of Chicago Medicine, 22 de junio de 2005, https://www.uchicagomedicine.org/forefront/news/survey-shows-that-physicians-are-more-religious-than-expected.

33. Entrevista con AL, Massachusetts General Hospital, 17 de julio de 2019.

34. «Religion Among the Millennials», Pew Research Center, https://www.pewforum.org/2010/02/17/religion-among-the-millennials/.

35. Entrevista con AL, Cambridge, MA, 14 de octubre de 2020.

36. Lucrecio, *De rerum natura*, libro I, 140–45, p. 15.

37. Ibid., libro III, 320–22, p. 213.
38. Ibid., libro II, 25–35, p. 97.
39. Ibid., libro IV, 209–15, p. 293.

CAPÍTULO 3. LAS NEURONAS Y YO: EL SURGIMIENTO DE LA
CONCIENCIA EN EL CEREBRO MATERIAL

1. Steve Paulson, «What is this thing called conscious-ness?» *Nautilus*, 6 de abril de 2017.
2. Kevin Berger, «Ingenious: Christof Koch», *Nautilus*, 15 de abril de 2019.
3. Thomas Nagel, «What Is It Like to Be a Bat?». *The Philosophical Review* 83, no. 4 (October 1974): 435–50.
4. Revonsuo, *Consciousness: The Science of Subjectivity* (Hove: Psychology Press, 2010), p. 30.
5. Peter McGinn, *The Mysterious Flame, Conscious Minds in a Material World* (Nueva York: Basic Books, 1999), p. 212.
6. Ibid., p. xi.
7. Christof Koch, *The Quest for Consciousness* (Englewood, CO: Roberts and Company, 2004).
8. N. Tsuchiya and C. Koch, «Continuous Flash Suppression Reduces Negative After Images», *Nature Neuroscience* 8, no. 8 (2005):1096–101.
9. F. C. Crick and C. Koch, «Towards a neurobiological theory of consciousness», *Seminars in Neuroscience* 2, no. 263 (1990). Para trabajos anteriores de von der Malsburg en la década de 1980, se ofrece una reseña en C. von der Malsburg, «The what and why of binding: The modeler's perspective», *Neuron* 24, no. 95 (1999).

10. Los resultados de la investigación de Desimone y Baldauf se publicaron en «Neural Mechanisms for Object-Based Attention», *Science* 344, no. 6182 (abril 2014): 424–27.

11. Esta y otras citas de Desimone proceden de la entrevista que le hice en su despacho del MIT el 17 de septiembre de 2014.

12. Mi entrevista Zoom con Koch el 15 de julio de 2021.

13. Ibid.

14. Para más información sobre el peso del cerebro y la inteligencia, véase Christof Koch, «Does Brain Size Matter?» *Scientific American Mind,* enero/febrero 2016, p. 22.

15. Para consultar uno de los primeros artículos, véase Crick y Koch, «Towards a Neurobiological Theory of Consciousness». Para consultar uno de los artículos más recientes, véase Todd E. Feinberg y Jon Mallatt, «Phenomenal Consciousness and Emergence: Eliminating the Explanatory Gap», *Frontiers of Psychology,* 12 de junio, 2020.

16. J. O'Keefe y J. Dostrovsky, «The hippocampus as a spatial map. Preliminary evidence from unit activity in the freelymoving rat», *Brain Research* 34 (1971): 171–75.

17. T. Hafting, M. Fyhn, S. Molden, *et al.,* «Microstructure of a spatial map in the entorhinal cortex», *Nature* 436, no. 7052 (2005): 801–6.

18. Véase, por ejemplo, Matthias Stangl *et al.,* «Compromised Grid-Cell-like Representations in Old Age as a Key Mechanism to Explain AgeRelated Navigational Deficits», *Current Biology* 28, no. 7 (2 de abril, 2018): 1108–115.

19. Koch, *The Quest for Consciousness*, p. 10.

20. The Awareness Questionnaire, The Center for Outcome Measurement in Brain Injury, 2004, http://www.tbims.org/combi/aq.

21. Véase, por ejemplo, Mark Sherer, Tess Hart, Todd Nick, *et al.*, «Early Impaired Self-Awareness After Traumatic Brain Injury», *Archives of Physical Medical Rehabilitation* 84, no. 2 (febrero 2003): 168–76.

22. Para una revisión de la pérdida de memoria tras una lesión cerebral, véase Eli Vakil, «The Effect of Moderate to Severe Traumatic Brain Injury (TBI) on Different Aspects of Memory: A Selective Review», *Journal of Clinical and Experimental Neuropsychology* 27, no. 8 (2005): 977–1021.

23. https://www.dementia.org.au/about-us/news-and-stories/stories/day-25-leo-tas. His story at the now obsolete site: "In Our Own Words: Younger Onset Dementia," https:// fightdementia.org.au/files/20101027-Nat-YOD-InOur OwnWords.pdf.

24. Para estudios sobre el efecto del LSD en la serotonina, véase, por ejemplo, Wacker *et al.*, «Crystal Structure of an LSD-Bound Human Serotonin Receptor», *Cell* 168 (26 de enero, 2017): 377–89.

25. https://www.reddit.com/r/LSD/comments /4i3c70/diary_of_a_solo_acid_trip progression_ and/.

26. Diana Reiss y Lori Marino, «Mirror self-recognition in the bottlenose dolphin: A case of cognitive convergence», *Publications of the National Academy of Sciences*, 98, no. 10 (8 de mayo, 2001): 5937–42.

27. https://www.youtube.com/watch?v=YbdNtC-4V3IM.

28. https://www.youtube.com/watch?v=UrON-JIoaIgU.

29. M. J. Beran, J. D. Smith y B. M. Perdue, «Langua-getrained chimpanzees name what they have seen, but look first at what they have not seen», *Psychological Science* 24, no. 5 (mayo 2013): 660–66.

30. James R. Anderson, Alasdair Gillies, y Louise C. Lock, «Pan Thanatology», *Current Biology* 20, no. 8 (27 de abril, 2010): PR349–51.

31. Para consultar los trabajos de Feinberg y Mallatt sobre la conciencia, véase Todd E. Feinberg y Jon Mallatt, «Phenomenal Consciousness and Emergence: Eliminating the Explanatory Gap», *Frontiers of Psychology*, 12 de junio, 2020.

32. G. Tononi, «An information integration theory of consciousness», *BMC Neuroscience* 5, no. 42 (2004); G. Tononi and C. Koch, «Consciousness: Here, there and everywhere?» *Philosophical Transactions of the Royal Society B* 370: 20140167 (2015).

33. Berger, «Ingenious: Christof Koch».

34. Mi conversación de Zoom con Koch, 15 de julio de 2021.

35. Para el debate de Mill sobre el emergentismo, véase John Stewart Mill, *A System of Logic, Ratiocinative, and Inductive* (Londres: Longmans, Green and Co., 1843); 8ª ed. (Nueva York: Harper and Brothers, 1882), cap. 6, p. 459.

36. https://www.forbes.com/sites/aarontilley/2017/05/16/hpe-160-terabytes-memory/?sh=62c847b6383f; storage capacity of the human

brain: https://www.scientific american.com/article/what-is-the-memory-capacity/.

37. Koch, *The Quest for Consciousness*, p. 10.
38. Mi entrevista Zoom con Koch el 15 de julio de 2021.

CAPÍTULO 4. VER UN MUNDO EN UN GRANO DE ARENA: DE LA CONCIENCIA A LA ESPIRITUALIDAD

1. «To See a World in a Grain of Sand» (1803) en la primera línea de «Auguries of Innocence», de William Blake.
2. William James, *Varieties of Religious Experience* (1902), BiblioBazaar ed. (2007), p. 71.
3. Rabindranath Tagore, *Gitanjali* (Nueva York: The MacMillan Company, 1916), estrofa 1, p. 1; «the same stream of life», estrofa 69, pp. 64–65.
4. Ibn Ishaq, *The Life of Muhammad* (Oxford: Oxford University Press, 1967).
5. Exodus 3:2.
6. Véase Stephen Jay Gould y Richard Lewontin, «The Spandrels of San Marco and the Panglossian Paradigm: A Critique of the Adaptationist Programme», *Proceedings of the Royal Society of London B*, 205, no. 1161 (1979).
7. Ralph Waldo Emerson, «Nature» (1836), en *The Harvard Classics*, vol. 5 (Nueva York: P. F. Collier & Son, 1909), p. 229.
8. E. O. Wilson, *Biophilia* (Cambridge, MA: Harvard University Press, 1984), prólogo.
9. Erich Fromm, *The Heart of Man* (Nueva York: Harper and Row, 1964).

10. Wilson, *Biophilia*, pp. 105-6.

11. Para los trabajos de David Reznick y sus colegas sobre los guppys, véase, por ejemplo, Ronald D. Bassar, Michael C. Marshall, Andrés López-Sepulcre, *et al.*, «Local adaptation in Trinidadian guppies alters ecosystem processes», *Proceedings of the National Academy of Sciences* 107, no. 8 (23 de febrero, 2010): 3616.

12. F. S. Mayer y C. M. Frantz, «The connectedness to nature scale: A measure of individuals' feeling in community with nature», *Journal of Environmental Psychology* 24 (2004): 503-15.

13. Para una revisión de los distintos métodos de medición de la felicidad y el bienestar, véase Philip J. Cooke, Timothy P. Melchert y Korey Connor, «Measuring Well Being: A Review of Instruments», *The Counseling Psychologist* 44, no. 5 (1 de julio, 2016): 730-57.

14. Colin Capaldi, Raelyne L. Dopko, y John Michael Zelenski, «The relationship between nature connectedness and happiness: A metaanalysis», *Frontiers in Psychology* 5 (septiembre 2014).

15. Entrevista de AL con Cindy Frantz, 11 de agosto de 2021. Todas las citas de Frantz proceden de esta entrevista.

16. Stuart West, «Competition Between Groups Drives Cooperation within Groups», de Leakey Foundation, 1 de agosto, 2016, https:// leakeyfoundation. org/the-evolutionary-benefits-of-cooperation/.

17. Entrevista de AL con Nicholson Browning, 27-31 de enero de 2021.

18. D. Russell, L. A. Peplau y C. E. Cutrona, «The revised UCLA loneliness scale: Concurrent and

discriminant validity evidence», *Journal of Personality and Social Psychology* 39 (1980): 472–80.

19. Andrew Steptoe, Natalie Owen Sabine, R. Kunz-Ebrecht, y Lena Brydon, «Loneliness and neuroendocrine, cardiovascular, and inflammatory stress responses in middle-aged men and women», *Psychoneuroendocrinology* 29, no. 5 (junio 2004): 593–611.

20. C. DeWall, T. Deckman, R. S. Pond y I. Bonser, «Belongingness as a Core Personality Trait: How Social Exclusion Influences Social Functioning and Personality Expression», *Journal of Personality* 79, no. 6 (2011): 979–1012. Ver también J. Panksepp, B. H. Herman, R. Conner, *et al.,* «The biology of social attachments: Opiates alleviate separation distress», *Biological Psychiatry* 13 (1978): 607.

21. See G. MacDonald y M. R. Leary, «Why does social exclusion hurt? The relationship between social and physical pain», *Psychological Bulletin* 131 (2005): 202–23.

22. Véase: H. F. Harlow, «The nature of love», *American Psychologist* 13, no. 12 (1958): 673–85; H. F. Harlow, R. O. Dodsworth, and M. K. Harlow, «Total Social Isolation in Monkeys», *Proceedings of the National Academy of Sciences* 54, no. 1 (junio 1965): 90–97; H. A. Cross y H. F. Harlow, «Prolonged and progressive effects of partial isolation on the behavior of macaque monkeys», *Journal of Experimental Research in Personality* 1 (1965): 39–49.

23. Ruth Feldman, Arthur I. Eidelman, Lea Sirota, y Aron Weller, «Comparison of skin-to-skin (kangaroo) and traditional care: Parenting outcomes and

preterm infant development» *Pediatrics* 110, 1 pt. 1 (julio 2002): 16–26.

24. Cynthia Frantz, F. Stephan Mayer, Chelsey Norton y Mindi Rock, «There is no 'I' in nature: The influence of self-awareness on connectedness to nature» *Journal of Environmental Psychology* 25 (2005): 427–36.

25. Puede encontrarse un buen análisis de las diferencias entre la psicología occidental y oriental en The Weirdest People in the World (Nueva York: Farrar, Straus, and Giroux, 2020), de Joseph Henrich, destacado investigador en este ámbito. Véase también el artículo «How East and West Think in Profoundly Different Ways», de David Robson, The Human Planet, 19 de enero de 2017.

26. Platón, *Apología de Sócrates.* Editorial Gredos, 2014. (Original: *Apology,* 38 en *Great Books of the Western World,* vol. 7. Chicago: Encyclopaedia Britannica, 1952, p. 210).

27. *The Analects of Confucius,* 1.4, https://chinatxt.site-host.iu.edu/Analects_of_Confucius_(Eno-2015).pdf.

28. Frederick Jackson Turner, «The Significance of the Frontier in American History» (1893), https://www.historians.org/about-aha-and-membership/aha-history-and-archives/historical-archives/the-significance-of-the-frontier-in-american-history-(1893).

29. Véase Shinobu Kitayama, Keiko Ishii, Toshie Imada, *et al.,* «Voluntary settlement and the spirit of independence: Evidence from Japan's northern frontier». *Journal of Personality and Social Psychology* 91, no. 3 (2006): 369.

30. Publicado originalmente en *Forum and Century* 84 (1931): 193–94; reimpreso en Albert Einstein, *Ideas and Opinions* (Nueva York: The Modern Library, 1994), p. 8.

31. Platón, *Ión, Timeo, Critias.* Alianza editorial, 2016. (Original: *Timaeus,* en *Great Books of the Western World,* vol. 7 Chicago: University of Chicago Press, 1952, p. 452).

32. Sigmund Freud, *El malestar en la cultura.* Alianza editorial, 2010. (Original: *Civilization and Its Discontents.* Nueva York: W. W. Norton, 1961, pp. 11–12).

33. Ernest Becker, *La negación de la muerte.* Editorial Kairós, 2003. (Original: *The Denial of Death.* Nueva York: The Free Press, 1973, p. xvii).

34. Entrevista con Kip Thorne, el 16 de agosto de 2021.

35. Alan Lightman, *Probable Impossibilities* (Nueva York: Pantheon Books, 2021), p. 162.

36. H. Iltis, «Why man needs open space: The basic optimum human environment» en *The Urban Setting Symposium,* ed. S. H. Taylor (Nuevo Londres, CT: Connecticut College, 1980), p. 3.

37. Charles Darwin, *El origen del hombre.* Traducción y edición de Joandomènec Ros. Editorial Austral, 2012. (Original: *The Descent of Man,* 1871, ch. 3, «Sense of Beauty» en *Great Booksof the Western World,* vol. 49. Chicago: University of Chicago Press, 1952, p. 301).

38. Sigmund Freud, *El malestar en la cultura.* (Original: *Civilization and Its Discontents,* 1929, en *Great Books of the Western World,* vol. 54 (Chicago: University of Chicago Press, 1952, p. 775).

39. Matemáticamente, si *a* es la cantidad mayor y *b* la menor, entonces, *a/b* es una proporción áurea si

$a/b = (a + b)/a$. Dividiendo el numerador y el denominador del lado derecho por b, obtenemos $a/b = (a/b + 1)/ a/b$. Podemos resolver esta ecuación cuadrática para a/b, el cociente áureo, obteniendo: $a/b = (1+ \sqrt{5})/2$.

40. Véase Adrian Bejan, «The golden ratio predicted: Vision, cognition and locomotion as a single design in nature» *International Journal of Design and Nature and Ecodynamics* 4, no. 2 (2009): 97–104.

41. Dacher Keltner and Jonathan Haidt, «Approaching awe, a moral, spiritual, and aesthetic emotion», *Cognition and Emotion* 17, no. 2 (2003): 297–314.

42. http://www.mountain songs.net/poem_.php?id= 904.

43. Alan Lightman y Roberta Brawer, *Origins: The Lives and Worlds of Modern Cosmologists* (Cambridge, MA: Harvard University Press, 1990), pp. 433–34.

44. Graham Wallas, *The Art of Thought* (Londres: C. A. Watts and Company, 1926).

45. Henri Poincaré, *The Foundations of Science* (Nueva York: The Science Press, 1913), p. 387.

46. Entrevista de AL con Paul Ingbretson, 26 de agosto de 2021.

47. Werner Heisenberg, *Physics and Beyond* (Nueva York: Harper and Row, 1971), pp. 60–61.

48. Virginia Woolf, «Professions for a Woman» (1931), conferencia pronunciada ante una rama de la National Society for Women's Service el 21 de enero de 1931, publicada póstumamente en *The Death of the Moth and Other Essays*. Véase, por ejemplo, (Victoria BC, Canadá: Rare Treasures Press, 2000), p. 2017.

1. https://www.youtube.com/watch?v=eSCDfjTD-VCk.

2. Comentarios de Dawkins sobre la religión y la fe, en un discurso pronunciado en el Festival Internacional de la Ciencia de Edimburgo, en 1992, citado en «A scientist's case against God», *The Independent* (Londres), 20 de abril de 1992, p. 17: «La fe es la gran evasiva, la gran excusa para eludir la necesidad de pensar y evaluar las pruebas». En un artículo titulado «Has the World Changed? Part Two» en *The Guardian*, 11 de octubre de 2001, Dawkins escribió: «Muchos de nosotros veíamos la religión como una tontería inofensiva. Las creencias podían carecer de toda prueba que las respaldara, pero pensábamos "si la gente necesitaba una muleta para consolarse, ¿dónde estaba el daño?"».

3. Publicado originalmente eh *Forum and Century* 84 (1931): 193–94; reimpreso en Albert Einstein, *Ideas and Opinions,* (Nueva York: The Modern Library, 1994), p. 11.

Este libro se terminó de imprimir en el mes de septiembre de 2024
en Industria Gráfica Anzos, S. L. U. (Madrid).